実践・プレゼンテーションのセオリー

麥肯錫不外流的簡報格式與說服技巧

獨家提供 | 麥肯錫式簡報範本及會場布置重點圖解

麥肯錫系列暢銷書作者
高杉尚孝 / 著　　李佳蓉 / 譯

CONTENTS

CONTENTS

CONTENTS

第4部

麥肯錫菁英怎樣準備、怎樣上臺簡報——155

CONTENTS

推薦序一

簡報，就是把禮物送給觀眾

中華人事主管協會資深講師／黃永猛

簡報英文是 Presentation，不過，另一名詞 Present 是禮物的意思。禮物必須具備的條件，是符合送禮的目的、與根據對象客製化內容。禮物需要真材實料，也需要包裝。因此，簡報發表者需要有好口才與說服力，才能讓對方產生共鳴。

「愛你在心口難開」的時代，已經過去了。高競爭世代，簡報的重要性與日俱增。向老闆做專案報告，或內部開會、向顧客提案也需要做簡報；應徵工作時，若能做出漂亮的簡報，更能增加魅力、為自己加分。

我多年來從事簡報技巧與口才訓練，簡報包括三大核心技巧，一是**內容與組織**，二是**簡報技巧**，三是**PPT製作技巧**。簡報的目的其實是透過這三種技巧，簡單扼要的用視聽效果，快速的解決問題，並促使聽眾採取行動。

本書在表達簡報的目的，與解決問題上琢磨甚深，書中提到簡報的目的，是希望聽眾能聽完簡報後，產生實質的變化或採取特定行動。尤其，讓聽眾從無知變成了解、從反對變贊成、從疑惑變信任、從敵意變善意、從沮喪變希望等，明確的指出，發表者須事先根據對象，設定簡報目的，才是踏上成功的第一步。

為聽眾解決問題，則是書中的另一大重心。作者將所有問題歸納為恢復原狀型、防杜潛在型、追求理想型三種類型。務實的運用失敗與成功案例，針對各種問題類型，設定需要解決的課題，提供讀者更多元的思考方向。

發表者經常因緊張出現雞同鴨講、不知所云的現象，本書另一項觀點，則提到如何增加說服力。書中提到說服力因人而異，說服力的高低，會因特定對象不同而有不同的結果。除此之外，本書也介紹簡報製作的實用技巧，與發表者的穿著打扮及臉部表情，如何以肢體語言展現技巧。這些都是作者經驗與智慧的結晶，在在值得讀者的參考與學習。

本書以實務為主，是難得的好書。讀者若能深切的理解書中精闢的內容，並多加以練習，我想每個人的簡報技巧必將大幅進步，成為老闆賞識、客戶青睞、同事羨慕的簡報高手。

本文作者簡介：黃永猛，臺大農推系畢業，紐約、雪梨、東京、香港BBDO國際廣告AE研習。專欄作家、專業顧問、講師。W&G水鑾行銷廣告創辦人，BNSC（Business Negotiating Study Center）業務談判研究中心主持人。著有《搶攻業績48小時》、《小牌K大牌》等書。

推薦序二

簡報力，就是競爭力！

柏克企管總經理／王永福

上臺簡報，是一門技術，是一門可以被分析、拆解、重組，然後加以學習的技術。這是我在過去幾年，指導了超過兩百間上市公司、兩萬名專業學員後，所得到的心得。

身為一個專業工作者，在職場上常有簡報的機會，每一次上臺，代表的不僅是服務的公司及產品，更是自我形象塑造的機會。可惜大部分的專業人士，雖然了解簡報的重要性，卻不曉得如何站在臺上，把艱澀的專業主題說清楚，讓臺下聽眾能清楚明白，並做出進一步的決策或行動。

如果你也遇到這樣的問題，《麥肯錫不外流的簡報格式與說服技巧》將帶來很多學習的方向。

作者在書中描敘了許多專業場景，把簡報過程中的應對，完整的逐字記錄下來。**問答過程中，彼此心中想說、卻沒有說出來的話**，也在本書列舉的案例中精彩呈現。

讀者可以看到什麼是錯誤的簡報案例，學習如何改進，再比照正確的簡報案例。透過這樣的學習過程，相信大家不僅能學習許多實例，更能進一步備增自己的實力，這是我覺得這本書最特別的地方。

除此之外，書中還提到在開始簡報前，如何分析聽眾需求，找出對方最關心的問題；如何增加說服力；如何先講重點再講內容；如何站在臺上專業呈現，包含站位、服裝、以及上臺前心態的調整等。書上提及的關鍵重點，都與我在實務操作上十分相近。由此可知，這本書並不是一本理論書，而是從專業出發，聚焦實務的實戰書。

在書裡頭，也可看到許多簡報的格式，包含單頁、表格、圖表，以及A4大小的企劃簡報範例。這種比較嚴謹而專業導向的簡報風格，也會給讀者不同的學習觀點，擴增各位的簡報視野。

「**簡報力，就是競爭力！**」希望讀者不只透過本書，學習專業化的簡報技術，更能花一些時間，大量練習，將這些技術內化成自己的一部分。這對於提升未來在職場上的競爭實力，將會有極大的幫助！

本文作者簡介：王永福，柏克企管總經理，超過兩百家上市公司的簡報技巧及內部講師教練。客戶包含中信金、台積電、西門子、康寧、諾華、聯合利華、趨勢科技、鴻海、Google、Gucci，以及NIKE等知名企業，多次創下最高滿意的完全課程。著有《上台的技術》。文章散見於「福哥的部落格」。

前言
在麥肯錫，簡報代表「說服」，不是報告

簡報的重要性與日俱增。向顧客提案理所當然需要用到，公司內部也越來越常使用簡報來報告。

本書將簡報的三大要素：一、「能夠讓聽者接受」的明確內容；二、「鞏固結論」的系統性架構；三、「增加發表者的說服力」等，均等又有條理的彙整成一本簡報指南書。

隨著簡報機會增加，電腦周邊產品及軟體也日新月異。除了出現手掌大小的器材外，投影機也有驚人的發展。今後，器材及軟體也將持續進化。

硬體及軟體廠商在市場行銷上，時常以「只要使用本軟體，就能製作出完

美簡報」、「有了這臺投影機，簡報必定萬無一失」等廣告文宣，煽動消費者的購買欲。因此，**要特別注意對器材或軟體的過度依賴，以免陷入近乎迷信的實用錯覺**。

能夠使用高性能的器材或軟體當然最好，但這並不表示有了它們，簡報就一定會成功。我們應該自問：「與器材和軟體的進步相比，簡報的內容和發表者的技能有跟著進步嗎？」我想這部分非但沒有進步，反而還退步了！

好比說，**我們經常可以看到內容毫無故事性，只列出一堆數據，並穿插許多插圖和圖片**，呈現出繁雜及混亂的簡報。要不然，就是只列出幾個關鍵字或照片，空洞、無內容的報告。

而站在臺上發表的人，則是身體動來動去、眼神飄移不定、雙手東摸西摸，一開口就「嗯……」個不停，而且不管聽者準備好了沒，就自顧自的開始發表，最後也不管臺下聽眾有無疑問，就隨意結束等。像這種一看就知道沒接受過正式訓練的，大有人在。簡報雖然已是一般常用的發表方式，但大多數發表者的技能卻只到這裡。

簡報的成效，經常是買賣成交與否、提案通過與否的決定性關鍵。因此，為了不輸給器材和軟體的進步，應當準備好簡單易懂、具說服力的資料，並積極提高發表者的素質。

本書的目的，是培養大家製作出理論與實踐並重、並足以向外發表的內容。若能確實了解書中所提，並多加練習，我想，每個人的簡報技巧必將大幅進步。在此，衷心期望本書對各位的工作能有所助益。

第 1 部

簡報前，麥肯錫菁英必問三件事

第1章

你希望對方怎麼做？

◎最終目的：「促使對方行動」。

◎想讓對方採取行動，需依照幾個步驟執行。
每個步驟都可以讓對方改變心意。

◎確實了解「希望對方產生什麼變化，和採取什麼行動」。

簡報的目的，自然是希望能夠得到對方的同意、被對方所接受。如果對方是決策者，則希望他能核可企劃案的執行；如果是第一線的工作人員，希望他能確實執行企劃案的內容。

而一個用來報告進度的簡報，則是希望對方在了解企劃案進度之後，能夠繼續提供協助、執行。

因此，**簡報的目的，就是「促使對方採取行動」**。

光是沒頭沒腦的拜託對方，未免太唐突了。想要促使對方採取行動，其實可透過幾個適當的步驟。

舉例來說，如果期望消費者購買新商品，第一個要做的，就是讓他們知道這個商品的存在。接著，要讓消費者對新商品產生興趣、購買欲，最後願意掏腰包買回家。

當然，某些特定的簡報，目的不是為了讓人知道某件商品的存在，並非直接訴諸「看得到的行動」，但最終目的仍然是促使行動，讓消費者購買商品。

促使行動的意思是，使對方從狀態A變成狀態B（變化有可能是眼睛看不見的）。

希望消費者從不知道新商品的狀態，變成知道的狀態；從不特別感興趣，變成感興趣。

最後，產生「看得到的變化」，從未購買變成購買，也就是採取行動。

這是目標明確的打靶練習

具體了解自己希望對方變成什麼樣子，或希望對方怎麼做是最重要的。如果發表者本身對目的和內容缺乏認知，**簡報這件事就會變成目標不明確的打靶練習。**

簡報的目的，是希望對方能產生特定的變化，或採取特定的行動。例如：從無知變成了解、從反對變成贊成、從疑惑變成信任、從敵意變成善意、從沮喪變成希望等。

當發表者對期望對方出現的變化或行動、有明確的認知後，才算是成功簡報的第一步。

「先讓大家了解狀況」——最常見的失敗簡報案例

定森是某大型點心製造廠的業務企劃主管。他召集了製造部、品管部及採購部主管做業務簡報，但他似乎無法說清楚簡報的重點。

定森：「嗯，各位在百忙之中，撥冗前來出席此次會議，本人深感謝意。話不多說，就此進入正題。我想從本公司的熱銷商品排行榜，來為各位報告。在此，我先針對前三名熱銷商品做報告……。」

製造部主管：（聽說是重要的會議我才出席的，**這簡報的目的到底是什麼？**）

定森：〔拿出字體偏小的熱銷商品排行榜〕「這是最近一季的營業額排行榜。位居第十名的是營業額三千五百萬日圓的『綿綿布丁』，淡淡的甜味和滑順的口感，深受年輕女性的喜愛。」

品管部主管：（欸！這傢伙到底想說什麼？他是想暗示品質有問題嗎？）

定森：「根據問卷調查結果，有人說牛奶雞蛋的香味無可挑剔，在嘴裡濃得化不掉，但也有人反應入口有一點苦味。本商品就像很多商品一樣，杯底沒有焦糖漿，是很單純的布丁。」

採購部主管：（他是想提出新商品的點子嗎？真是受不了⋯⋯。）

定森：「接下來的第九名，如同各位所知，是比較新的商品『QQ咖啡果凍』，它的營業額是四千二百萬日圓。咖啡果凍的上面覆蓋一層泡泡鮮奶油，算是很常見的商品，而且味道也和其他廠牌的咖啡果凍差不多，自然也受到女性消費者的喜愛。」

製造部主管：（饒了我吧！你打算就這樣一直說下去嗎？你到底希望我怎麼做？你的目的到底是什麼！）（一邊起身）「定森，不好意思，我突然想起有個急件要處理。」（走出會議室）

採購部主管：「那個⋯⋯我也想起還有別的事要處理，不好意思，我先離

開了。」（起身）

定森：「咦？但我的報告還沒……。」

品管部主管：「看來大家都沒空，要不要另找時間呢？話說回來，今天的會議目的到底是什麼？」

定森：「嗯，那個……，我想讓大家實際了解業務狀況。」

品管部主管：「了解了又怎麼樣？反正，改天再說吧。大家都很忙。」

（我絕對不再出席這傢伙的會議了。）

定森：「喔，那就下次再找機會……。」

剛才那個報告，哪裡有問題？

會議上大家都走光了。定森犯下哪些錯誤呢？

✖對目的缺乏認知

定森對簡報的目的，很明顯的缺乏認知。他直到與會者詢問：「到底為了什麼目的？」時，才意識到這個問題。結果，當場他所能想到的回答，就「只是**想先讓大家了解狀況**」。

如果希望大家在了解狀況之後採取行動，就要在簡報裡明示「希望對方怎麼做」，把希望對方產生的變化或採取的行動，具體說明清楚。

話說回來，**未事前確認會議目的就出席的人，本身也有問題**。

✖從枝微末節開始說起

不僅簡報目的不明確，定森還從最細微的地方——為各個商品做介紹，開始發表，給人拖泥帶水的感覺。這種做法得花費相當長的時間，也難怪與會者受不了。

先發表結論，再詳細說明內容，是簡報順序不變的原則（這部分我將在第十三章詳細解說）。

✖未訂好下次會議時間就散會

無論是簡報或任何會議，結束前一定要確認好日後的行程。

這次會議雖然很不幸的流局了，儘管如此，定森還是可以詢問與會者日後的行程，以便安排下次的日期。

「先說你希望對方怎麼做」——成功案例

定森：「非常感謝各位在百忙之中，撥冗前來出席此次簡報會議。如同日前發布的資料，今日的目的是加強各部門間的聯繫，以縮短新商品的推廣期間。」（已事先傳達此次會議的主題。）

製造部主管：（沒錯，這就是今天的主題。）（與對方有相同的認知。）

定森：「包括會後的意見交流，**希望各位能給我大約六十分鐘的時間**，完成此次內容。把新商品的推廣期間縮短至一半，是全公司上下的一致目標，為達成這一點，我希望能在各部門間建立起互助體制。今後，我將向各部門人員請求具體協助。」（與會人員在了解會議所需的時間後，便能安心參加會議。事先告知將提出具體的協助請求，讓對方做好心理準備。）

品管部主管：（景氣這麼糟，各部門若不能好好合作，將喪失市場先機，我也只能盡全力配合了。）

定森：「那麼，我們來**參考最近的成功案例**，從中尋找能有系統的縮短新商品的推廣期，並建立全新體制的靈感。」（不以失敗案例為借鏡，而是從成功案例中學習正確的做法，不失為一種有效的方法。）

採購部主管：（從具體的成功案例來帶入主題，確實讓人容易理解。）

定森：「我以最近為女性消費者導入的含膠原蛋白機能性飲料『膠原元氣』為例，為各位做說明。本商品的推廣期間，僅為同類商品平均導入期的三分之一……。」（從驚人的成功案例帶入主題，激起對方的興奮感。）

第2章

你能為對方解決什麼問題？

◎單方面要求對方改變是沒用的。

◎要告訴對方可以獲得的好處。

◎從雙贏立場，為解決對方的問題出發。

簡報的目的，是促使對方產生變化或採取行動，弄清楚這一點非常重要。但是，在缺乏強制力的情況下，單方面要求對方「應該這樣」或「應該那樣」，一點也不實際。如果傳達不出自己的提案能帶來哪些好處，很難要求對方會自動自發採取行動。

各位可能覺得，本來就該以對方的角度製作簡報，但**如果你知道有多少簡報，是以發表者本身的立場或利益為出發點，一定會大吃一驚**。

在為對方的利益設想之前，當然需要先了解對方。

簡報的基本態度，是深入了解對方的需求，為他解答切身相關的問題。說得更明白點，就是要站在為對方解決問題的角度上，告訴他此提案對解決問題有多少幫助。

提案所建議的行動，若有助於解決困擾對方的問題，對他來說將是極大的利多，也會變成強烈的動機、讓他願意洗耳恭聽。當對方接受了你提案的論點，便會自動自發的採取行動。這就是所謂 win-win（對雙方都有利）的雙贏立場。

用ＴＨ法解決困擾對方的問題

既然簡報的目的是要解決對方的問題，那麼該從何處著手呢？首先要深入分析對方的現況，發現困擾他的問題，然後，**把希望對方採取的行動，規畫成最好的解決方案**。

在發現問題及設定課題方面，最好的方法就是第四章即將說明的「ＴＨ法[1]」。ＴＨ法把所有問題都歸納為以下三種類型：

[1] ＴＨ法（高杉尚孝法）：有效率的發現問題及設定課題的法則。詳細內容請參考《麥肯錫寫作技術與邏輯思考》及《麥肯錫問題分析與解決技巧》（以上皆為高杉尚孝著／大是文化出版）。

一、**恢復原狀型**：如何從問題所造成的傷害中，恢復到原本的狀態。

二、**防杜潛在型**：雖然問題目前並未發生，但必須事先排除將來可能出現的根源。

三、**追求理想型**：維持現況固然很好，但可以追求更高的成效。

針對各種問題類型，設定需要解決的課題。

你在宣揚自己的成績，還是為對方解決問題？——最常見的失敗簡報案例

都築是某家食品製造廠的研究員兼業務主管。他於一年一度的食品展上，在眾多買家面前發表簡報。如果內容能吸引買家注意就成功了。

都築：「本公司在研究維護人體健康方面的巨噬細胞（macrophages，一種位於組織內的白血球，源自單核細胞）活性化已長達多年，至今針對活性化巨噬細胞的機能，與不活性化的構造解析也做了許多方面的研究，但仍有許多不明之處。」

買家A：（我以為這場簡報有營養補充食品的相關知識才來的，但**聽起來，這些內容大概不是文科出身的我所能理解的**，看來還是趁早換個座談會比較好。）

都築：「因為至今未曾發現呈現穩定狀態的不活性化巨噬細胞，因此，

A-THT-6不需要內外在刺激，就能在有限的條件下，維持平時的活性狀態。」

買家B：（這樣聽下去可不行……根本是浪費時間！改聽別的座談會吧！）〔離開會場〕

都築：〔自我陶醉中〕「我在研究，不對，是本公司在研究的過程中，發現巨噬細胞的不活性化，具有預防及改善各種疾病的效果。」

買家C：（他根本是在自我陶醉嘛！以為是在學會發表研究成果嗎？到底什麼時候才要開始介紹商品？我想就算他介紹了商品，我也聽不懂。）〔離開會場〕

十五分鐘後

都築：「本公司希望這項研究成果，在社會上能充分被利用，因此募集了許多深諳技術價值及關鍵、且具備熱情的研究人員及技術人員，創造了本產品。〔司儀打了暗號〕咦？時間已經到了嗎？那麼，各位，請務必支持本公司劃時代的新商品。」

買家D：（哇……我居然浪費時間聽完整場簡報！他完全沒從買家的立場介紹商品。我絕對不會買這家公司的產品。）

剛才那個報告，哪裡有問題？

很可惜，這並不是一場能讓臺下聽眾產生興趣的簡報。有些聽眾不僅沒興趣，還產生反感。

✖內容超過對方的理解程度

簡報的目標對象是臺下聽眾。

在聽者表示贊成簡報的提案與否之前，必須先讓他們明白你說的內容。然而，都築的說明過於專業，完全超過聽者的理解範圍。

發表者必須隨時提醒自己，使用聽者能夠理解的「語言」。

對身為研究人員的都築來說，簡報內容可能再平常不過，但是對臺下聽眾而言，不過是讓人難以理解的噪音而已。

✖搞錯簡報對象

都築完全沒有考慮臺下聽眾是什麼類型的人，就自顧自的發表起來。這場簡報的聽者，都是來參觀食品展的買家，不是研究人員。

再者，即便臺下聽眾能夠理解都築闡述的公司理念，以及研究成果，那也不是買家想要知道的資訊。

對他們而言，那些資訊毫無意義。

所以，必須在鎖定聽眾類型後，依據對方的理解程度、興趣、疑問，來調整簡報內容。

表達時，熱情的確很重要，加入感情確實會增加說服力。

但是，都築只是單方面發表自己想說的話，完全不理會對方關心的事。所以，這只是場沒有聽眾的簡報。

✖只是單方面的傳達想法

單方面把個人想法丟給對方，是不會成功的，期待能有所成果的業務簡報，更是如此。

✖內容與解決對方問題之間無明確關聯

「此商品可帶給買家什麼樣的好處？」或者「對於困擾買家的問題，提供了什麼解決之道？」等，都築完全沒有想到這些問題。

換句話說，直到結束，簡報內容給人的印象，都與如何解決困擾買家的問題完全無關。

於是，許多人聽到一半就離開會場了。
即使留到最後，也因為覺得根本在浪費時間，而對該公司產生反感。

為對方解決問題——成功案例

都築：「在這麼多場座談會中，各位選擇了法壽食品股份有限公司，為介紹新型營養補給食品『大元氣』所舉辦的座談會，本人在此表示由衷的謝意。本商品除了具備末端消費者都能接受的特色外，也能為零售業者帶來許多利益。」（一開始就以對方的角度介紹商品，讓聽者感到安心。）

買家A：（聽起來似乎是從末端消費者和我們買家的觀點做介紹。）

都築：「市面上充斥著各種標榜立即見效的營養補給食品，使得零售業者和消費者都不知道該相信什麼才好。」（**掌握對方關注的事情**，暗示新商品能解決困擾對方的問題。）

買家B：（沒錯……標榜效果的做法固然不錯，但很多商品都缺乏實驗證明，或學術上的根據。）

都築：「法壽食品的『大元氣』，是本公司經過多年研究後，採用穩定狀態的不活性化巨噬細胞，所開發出來的劃時代營養補給食品。」（不拖拖拉拉，早早揭示商品特徵。）

買家C：（原來如此，但是，什麼叫做穩定狀態的不活性化巨噬細胞？）

都築：「學術性說明都在本次提供的資料上。此外，數據也都公開於本公司的網頁，歡迎各位多加參考。」（**考慮對方的理解能力及簡報的時間限制。**）

買家D：（太好了，就算現場為我說明，我也聽不懂。）

都築：「本座談會將針對如何向末端消費者解釋新商品的特徵，才能得到最佳效果做說明。」（明確表明為對方解決問題的態度，讓對方產生積極傾聽的強烈動機。）

買家E：（他要教我如何向消費者宣傳的方法嗎？這真是太好了。我總是不知道要怎麼用簡單的方式，向消費者說明艱澀的知識。這位簡報發表者有掌握到困擾我們的問題點，把這家公司列入採購候補名單吧。）

第3章

如何增加說服力？

◎說服力，是聽者對簡報的接受度。

◎在簡報者缺乏強制力的情況下，說服力正是激發自發性行動的原動力。

◎在具階段性、有條理的解說下，聽者會自然而然的轉變觀念，最後接受新的論點。

說服力，是聽者對我們闡述的理論，產生同感和共鳴的程度。如果能得到對方「沒錯」、「就是這樣」的回應，表示我們具有說服力。如果對方的回應是「這種說法很奇怪」或「這是錯誤的」，就表示缺乏說服力。

在簡報者缺乏強制力的情況下，促使對方採取行動的唯一方法，就是提高說服力。

■闡述要循序漸進，不冗長也不過短

想引導對方達到最終目的——實際採取行動，就必須階段性、循序漸進的闡述。是否能按部就班有條理的敘述，將左右簡報的說服力。

說明的內容過短，會讓人覺得跳躍不連貫；冗長，等於提供過多的資訊，給人囉哩囉唆的感覺，兩者都會降低說服力。

為了讓聽者覺得我們很自然、且循序漸進的說明，進而引導出具體的行動，**必須考量聽者的知識、立場及經驗，並視情況調整敘述方式**（具條理的闡述方式）。

■能幫對方解決問題，才有說服力

簡報內容要讓對方覺得有說服力，就要能解決對方的問題。

舉例來說，如果你的內容是在說明如何修復損壞的東西，便要以掌握現況、分析原因、處理原因及防止復發的順序，來製作簡報。

對聽者而言，只要能提出解決問題的方案，內容自然具有說服力。如此一來，不需強制規範，聽者也會自動自發的採取行動。

■世上沒有對所有人都有說服力的簡報論點

說服力，本質上不能說是一種爭議，應該說，說服力的高低，會因特定對象而不同。也就是說，對某特定團體來說，非常具有說服力的簡報，很可能對另一團體不具影響力。

因此你必須知道，**與對象無關、對所有人都具說服力的論點是不存在的。**

淨說些我知道的，我不知道的沒說明
——最常見的失敗簡報案例

梅木是某大型通信器材廠的業務員。他正針對公用電話的伺服器，對潛在客戶的通信事業公司做簡報。

梅木：「呃……以上是本公司所開發的新世代電信專業等級通訊伺服器（Network NGN Carrier Grade Communication Server）『Behind-Stage-NGN900』的詳細規格。呃，針對規格部分，各位有沒有什麼問題？呃，看來是沒什麼問題。」

業者A：（囉囉唆唆說了一堆，大家當然都沒問題想問。比起規格，我更想知道的是今後的業界動向，以及伺服器的穩定性。這可是一筆極大的投資，若投資方向錯誤，將對公司造成致命的打擊。）

梅木：「呃……我再補充說明，ＮＧＮ意指 Next Generation Network，是

ITU-T開發中的新世代網路架構的名稱。ＩＰ，呃，也就是Internet Protocol，呃……這是指建構在新世代網路架構上的新世代通信網路。在擴充ＩＰ網路的前提下，呃，主要條件是把QoS，這是指Quality of Service，和服務機能及傳輸機能區分開來。」

業者B：（別再說那些我早就知道的事了，誰不知道ＮＧＮ和ＩＰ呀！我可是專家耶！）

梅木：「呃……在與固網電信並存的前提下，公用ＩＰ電話服務向來都定位在提供廉價的第二類電信服務上。呃，然而，未來的伺服器等同於過去固網電信所使用的交換機，也就是說，今後市場上亟需本公司的『NGN900』規格。呃……接下來，有關各機種的價格差異……。」

業者C：（咦？可是為什麼會需要這種高規格的產品呢？他是不是漏掉最重要的部分啦？這說明未免太跳躍了吧！難不成廠商說什麼，我們就要信什麼？根本不夠詳細嘛。）

梅木：「呃……所以，本公司開發的新世代電信專業等級通訊伺服器『Behind-Stage-NGN900』，可說是機種齊全、價格合宜的高規格伺服器。呃，請各位務必檢討導入的可能。」

業者D：（說明會就這樣結束了？這款伺服器到底幫我解決了什麼？在目前使用上沒有任何不便的情況下，我實在不懂追加大筆投資，特地更換新伺服器的需求在哪裡。他到底是來幹什麼的？這家廠商真糟糕。）

剛才那個報告，哪裡有問題？

這不是一場具有說服力的簡報。看來要對方檢討導入新伺服器的可能性，大概很難了。

✖淨說一些對方已經知道的事

隨時謹記，為對方提供有用的簡報內容固然重要，但是在服務至上的名義下，接連提供聽者早就知道的瑣碎資訊，只會讓他們感到不耐煩，而且也浪費時間。

應衡量聽者的理解程度，判斷該提供何種程度的資訊。

如果對方是像我這樣的外行人，那麼梅木的說明，對了解簡報的內容會很有幫助，但參加這場簡報的聽者，都是這行業的專家。

✖闡述過程既粗糙，又忽略對方想知道的重點

梅木在詳細介紹產品的高規格後，話鋒一轉，馬上開始推銷新產品。話題轉換得太快，根本不是循序漸進的條理性闡述。

即使梅木再三強調：「今後需要的是本公司規格的伺服器產品」，但如果不好好的說明其中原由，聽者還是半信半疑。

對業者而言，購買新世代伺服器將是一筆極大的投資，因此說明購買決策的正當性，是此次簡報最重要的課題之一。

闡述的過程，過短或太長，都不能順利引導聽者從狀態A轉變為狀態B，最後變成一場不知所云的簡報，降低說服力。

✖內容與解決聽者的問題無關

為什麼梅木會跳過聽者最關心的重點呢？那是因為他並未站在聽者的立場去思考，所以製作的簡報亦無法針對困擾對方的問題，提出解決方案。

想修復損壞的東西、不希望東西有所損壞、想變得更好等，聽者之所以出席會議，一定是希望內容有助於解決某種問題才對。

✖噪音也會阻礙聽者對內容的理解

讓內容無法有條理的、循序漸進闡述的另一個重要因素，就是梅木發出的噪音：「呃」。噪音過多，也會在有意無意間造成對方的負擔（針對噪音問題，我將在第十五章中繼續說明）。

提高說服力——成功案例

梅木：「以上是本公司開發的，新世代電信專業等級通訊伺服器『Behind-Stage-NGN900』的主要規格。各位若有任何問題，歡迎在簡報結束後提出來討論。（在簡報時間有限的情況下，要注意別花太多時間解釋枝微末節的問題。）接下來，關於如此高規格的伺服器，**為什麼日後會變得越來越重要**，我將從業界未來動向的角度，為各位說明。」（**掌握住聽者感興趣的問題點**。）

業者A：（沒錯，就是這個！我就是想要知道業界今後的動向，以及這款伺服器的穩定性。這可是一筆極大的投資，若投資方向錯誤，將對公司造成致命的打擊。）

梅木：「……基於上述的業界變化，目前使用的普通伺服器規格，再過幾年就無法使用了。」（**明確點出聽者最關心的問題點**。）

業者B：（將來真的會變成這樣嗎？如果是真的就糟了……即便如此，這款伺服器真的是最好的選擇嗎？）

梅木：「我們對本公司機種齊全的『Behind-Stage-NGN900』十分有自信，不僅能順應環境的變化，也是成本與績效比最高的解決方案。和其他公司同等級的機種相較，相信各位一定能明白它的獨特性。例如：和MBI公司開發的『Blade-Outer-TH』系列相比……。」（**搶先解答對方的疑問，讓聽者在無形中產生我們所希望的變化**。）

業者C：（這樣聽起來，這款伺服器似乎不錯，但這是自己評論自家公司的產品，怎麼可能說不好的地方。）

梅木：「比日本進步十年的美國，就給予本公司產品極大好評。例如：各位都知道的UST & T公司，就已經導入本公司的產品了，而且在使用上也非常滿意。基於以上理由，為了因應業界變化，並保有各位的競爭優勢，我在此強力推薦，本公司的新世代電信專業等級通訊伺服器『Behind-Stage-

NGN900』。（將簡報定位在為聽者解決問題的提案上。）請各位務必考量，採用本伺服器。」

業者D：（原來如此……這是為了避免失去先機的預防對策。似乎有檢討的必要。等會兒也順便參加樣品展示會吧。）

第2部

麥肯錫的最強項：正確定義問題

第4章

所有問題，都可歸納為三種類型

◎困擾對方的問題，可大致分類為：一、恢復原狀型、二、防杜潛在型、三、追求理想型等三大類。

◎不同的問題類型，會構成不同的簡報架構。

◎對方的問題屬於哪種類型，必須與他自己的認知相符。

所有的問題都可以區分成一、恢復原狀型、二、防杜潛在型、三、追求理想型等三種類型（依據ＴＨ法）。**知道困擾對方的問題，隸屬於上述三種類型的哪一種，不僅能夠看清問題的本質，亦有助於尋找解決方法。**

多數問題都是「恢復原狀型」

第一種是「恢復原狀型」，這是**已經出現症狀**的問題類型。例如：營業額銳減、感冒、車子故障等，已演變至損壞的狀況，都屬於此一問題類型。解決之道就是恢復原狀，將事物恢復到原本的狀態。**一般所謂的「問題」，大都是指恢復原狀型的類型。**

其次的「防杜潛在型」，意指雖然**尚未出現症狀**，但繼續放任不管的話，將演變成大問題的類型。有時還伴隨著緊急性：當少子化越演越烈，將造成年金制度的崩壞；再不加油就沒油了；顧客持續增加的話，資訊系統將會超載等，都屬於此類型。解決之道是維持現狀，避免狀況惡化。

最後一種「追求理想型」，則是指那些並未損壞、放任下去也不會造成問題的類型。之所以把它視為問題，是因為它有可能變得更好。

此類型意味著理想和現實之間的差距，也就是說有改善的餘地。解決之道是達成理想的狀態。

不同問題類型，有不同流程及架構

知道困擾對方的問題屬於哪一種類型後，便能了解構成簡報架構的重要課題是什麼。

如果困擾對方的問題是恢復原狀型：

㈠掌握到底發生了什麼問題（掌握現況）

(二)視情況所需，將危害控制在最小限度（緊急處置）
(三)查明原因所在（分析原因）
(四)思考該如何修復（原因處理）
(五)研究對策，避免再度損壞（防止復發）

如果困擾對方的問題是防杜潛在型：

(一)設定一個一旦發生會造成困擾的問題（設定問題）
(二)查明造成此問題的誘因（查明誘因）
(三)思考預防問題發生的對策（預防對策）
(四)思考問題發生時的對策（發生時的因應對策）

如果困擾對方的問題是追求理想型：

(一)分析問題點的優缺點（資產盤點）

㈡選定追求的理想＝目標（**選定理想**）

㈢思考可達成理想的對策（**行動計畫**）

實際做簡報的時候，可依照各問題類型的架構，一一闡述各個重要課題。從第五章開始，我將逐一解說這三大問題類型。

在判斷問題屬於三大問題類型中的哪一種時，有時會發現，對方和我們的認知是有差異的。這時，**你對眼前困擾的判斷是否符合對方的認知，就顯得非常重要**。

舉例來說，即使發表者非常確定已經出現狀況，但對方完全不這麼認為，想必也聽不進任何建議吧。

這時，與其想盡辦法讓對方了解這是恢復原狀型的問題，且已演變至損壞狀況，倒不如把問題歸類到防杜潛在型或追求理想型，反而更能說服對方。

若簡報發表者對於問題類型的認知，和對方完全不同，將大大降低內容的說服力，這一點請務必留意。

正確定義問題了嗎？——雞同鴨講的失敗簡報案例

小田島是大型金融機構的法人業務。他努力勸說中堅上市公司的經營團隊回購股票，但雙方對問題類型的認知似乎不同。

小田島：〔經過十五分鐘的說明後〕「如同上述說明，依照金融理論來計算貴公司股東的整體報酬率時，可發現原本的數字已大幅下降，再者，依照資本資產訂價模式（Capital Asset Pricing Model，簡稱CAPM，廣泛應用於投資決策和公司理財領域）來計算股價，也會發現理論上的數字也大幅減少。加權平均資金成本（Weighted Average Cost of Capital，簡稱WACC，在金融活動中用來衡量一間公司的資本成本）又過高，這也是一大問題。」

經營團隊A：（說了那麼多，最後竟然說股價即將走低。這傢伙到底在說什麼啊！這半年來，本公司的股價明明很穩定的成長。話說回來，金融理論什麼的，我根本不懂……還有，什麼資本資產訂價模式，什麼加權平均資金成本的，那到底是什麼？財務方面，我只知道ROE（股東權益報酬率）和股利發放率而已。）

小田島：「因此，為突破這樣的局面，我建議利用股票回購的方式，發放紅利給股東。現在事態非常緊急。」

經營團隊B：（利用股票回購的方式，發放紅利給股東？為什麼要這麼做？給股東的報酬率太低？我沒聽說哪個股東抱怨過啊……而且我們一直有發紅利，為什麼還要回購股票？）

小田島：「過去股票攤銷或股票選擇權等的股票回購，有其目的限制，但自從二〇〇一年商業法修正後，已經可以不限制目的地持有庫藏股了。再加上二〇〇三年商業法修正後……。」（按：庫藏股，用公司的資金買回公司自己的股票。）

社長：（說了一堆股票回購的事，但這傢伙根本什麼都不懂。明明什麼問題都沒有，他只想藉由本公司的股票回購賺點手續費吧！對了，我和另一家金融機構談的併購案，不知道進行得如何了……。）〔打斷簡報〕「不好意思，我突然想起一件急事，所以今天就到此為止吧。有需要的話，我會再和您聯絡，今天就請您先回去吧。」

小田島：「咦？喔……謝謝您。」

剛才那個報告，哪裡有問題？

難得有機會向社長做簡報，卻被中途喊停，看樣子，似乎就要失去客戶的信賴了。

✖對方不認為現在處於恢復原狀型的問題狀態

小田島似乎從一開始就發現該公司已經出現狀況，面臨的是「恢復原狀型」的問題類型。

但對方卻認為，無論是在股東權益或股價方面，都沒有任何問題。因為有按時分發紅利、股價很穩定、股東也沒有任何批評，所以，當小田島平白無故的提醒公司已演變至損壞狀況時，對方才會一頭霧水。

✖堅持說服對方現況已演變至損壞狀況

雙方對於公司現況處於哪一種問題類型，在認知上有差異的情況下，小田島卻拚命想說服對方認清問題的嚴重性，因此，他使用了「事態」、「已大幅下降」、「一大問題」、「非常緊急」等煽動不安的駭人字眼。這些字眼用得越多，反而越容易刺激對方反駁：「才沒這回事！」

✖使用艱澀的說明，毫不考慮對方的程度

精通金融及企業財務的小田島，在說明時使用了超過聽者理解程度的專業詞彙，結果對方非但不能理解，還產生反感。

經營團隊並非每個人都具備高水準的金融、及財務相關專業知識，所以使**用符合對方理解程度的說明，是發表者的責任。**

正確定義問題，先求同、再存異——成功案例

小田島：「……以上是我對貴公司近年來的股價及股東權益政策上的了解。我的結論是，貴公司無論在ROE、每股獲利、股利政策或股價的變化上，都有高水準的表現。」

經營團隊A：（沒錯。現在經營公司的人，不重視股東權益可不行。這一點就連製造業出身的我也知道。所以我都五十幾歲了，還在偷偷學習ROE及股利發放率等知識呢。）（對公司現況的認知與對方一致。而且，說明內容也未脫離對方的財務知識範疇。）

小田島：「貴公司不僅業績表現亮眼，也讓人感覺到在經營方面，極重視股東權益。」

經營團隊B：（這家金融機構挺了解本公司的狀況嘛……我們對事業及財

務可是同等重視的。）（對現狀並未出現問題的認知與對方相同。）

小田島：「事實上，此次分析貴公司的財務現況時，我發現了一個日後可能出現的問題。我利用現今多數投資法人，及證券分析師常用的財務理論進行分析，發現在重視股東權益的經營方針上，尚有不小的改善空間。」（發表者**迎合對方對現狀的認知後，以「防杜潛在型」的方式點出問題所在。**然後用「改善空間」來加以包裝，表現出「追求理想型」的態度。）

社長：（本公司固然重視股東權益，但制度確實不夠完善。我本來還想，這場簡報要是無趣的話，就中途離席呢，看來還是繼續聽下去比較好。）

第5章

恢復原狀型的問題，要五要件

◎從已經不好的狀態恢復原狀，也就是從修復損壞的狀況開始描述。

◎「分析原因」和「原因處理」，是描述恢復原狀型問題的要素。

◎緊急處置和防止復發的相關對策，可視需求納入問題描述裡。

把已經出現的症狀恢復原狀、也就是恢復到原本狀態，亦即從「修復已經損壞的狀況」開始描述的，就是恢復原狀型的問題描述。如同前文所提，恢復原狀型的問題，描述的課題有：

㈠掌握**到底發生了**什麼問題（**掌握現況**）。
㈡視情況所需，將**危害控制**在最小限度（**緊急處置**）。
㈢**查明原因**所在（**分析原因**）。
㈣思考**該如何修復**（**原因處理**）。
㈤研究對策，避免再度損壞（**防止復發**）。

這類問題的最終目的，就是恢復原狀。

因此，在處理時會特別著重在：是什麼原因造成問題（分析原因），該如何恢復原狀（原因處理）等兩大方面。

此外，掌握現況、了解損壞是如何造成的，並分析箇中原因的處理步驟，通常是不可分的。

火災時先救火，而非追究為何發生

緊急處置和防止復發的對策，可視需求加入問題描述裡。尤其是當事態發展擴大、必須以緊急處置為最優先處理課題的時候。例如：火災發生時的最優先處理課題，便是快速控制災害，也就是以滅火作業為緊急處置。

這時，並不是追究為何會發生火災、去深入分析原因的時候。換言之，**分析原因是做完緊急處置之後的重要步驟**。

等到原狀恢復之後，再以防止復發作為重要課題。

接著，我們來看恢復原狀型的問題描述案例。

「恢復原狀型的問題」描述案例

這是因需求飽和與外來衝擊，使得國內市場的成長率由正轉負的案例。既然問題已經顯現出來，描述內容就要從已經損壞的狀況——恢復原狀開始。

本公司在國內市場上，向來維持穩定成長。但是，近年來卻陷入負成長。（掌握現狀。）

除了市場已達飽和外，因受到雷曼衝擊及日本東北大地震的影響，導致國內需求減少，此為負成長的最大要因。（分析原因，這幾點都是極難排除的原因。）

雖然嘗試改良產品，以喚起國內市場的需求，但成效始終不佳。（緊急處置。）

在這樣的環境下，為恢復市場成長率，本公司考慮多角化經營，以進一步開拓國內市場。然而，其他能夠發揮本公司獨特優勢的事業有限，況且這些領域早已形成壟斷市場，本公司難以涉入。因此，為挽回營業額，本公司應該以日後成長有望的亞洲市場為目標。（包括評估替代方案的原因處理。）

就縮短準備期的觀點來看，以收購當地優良企業，做為踏進亞洲市場的切入點，非常值得探討。（與原因處理相關的實施對策。）

再者，從維持日後穩定成長的觀點來看，不妨一併研究進入歐洲市場的可行性。（防止復發對策。）

恢復原狀型的簡報案例

定森在大型食品廠的飲料部門工作。他為主要商品「Drink Come Up」擬定起死回生的策略，並在管理會議上做簡報。

定森：〔一邊對照資料〕「如同各位所知，本公司的主要商品『Drink Come Up』雖然有苦味，但因為它屬於特保食品（特定保健用食品，即機能性食品），向來維持穩定的成長。但很可惜的是，從上一季開始，營業額卻開始急遽下降。」（**掌握現狀**。）

董事A：（確實如此，他說和我了解的一樣。就掌握現狀來說，我們有共同的看法。但是造成營業額下降的原因，我尚未收到任何報告。）

定森：「事實上，這和競爭業者勇可利在上一季上市的『Beber Tanto』搶占市場有很大的關係。『Beber Tanto』除了也是特保食品外，是更容易入口的

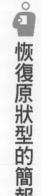

健康飲料。」（**分析原因**。）

董事B：（原因又是勇可利，「Drink Come Up」雖然有滋養強健與燃燒脂肪的效果，但說真的實在不好喝。當然，也是有喝慣了的忠實顧客。）

董事C：（儘管釐清了原因，但也不可能要求競爭業者勇可利停止銷售「Beber Tanto」。也就是說，雖然找到造成營業額下降的直接原因，卻無法排除它。這下該採取什麼樣的對策挽回才好呢？）

定森：「因此，為了挽回『Drink Come Up』的營業額，我建議進一步投入開發降低苦味的『Drink Come Up Light』。」（**原因處理**。）

董事B：（「Light」？這未免也太簡單了吧。但這麼做不會互相搶奪[2]自家產品既有的消費者嗎？這算是原因處理的辦法嗎？）

定森：「用既有的產品線拉攏喜愛苦味的忠實顧客，同時投入『Light』

[2] 互相搶奪：Cannibalization，指新產品搶奪既有產品顧客的現象。

的開發，以奪回流向『Beber Tanto』的消費者，喚起消費者對新產品的需求。」

董事C：（有道理。與其說是「Beber Tanto」造成營業額下降，其實真正的原因，是「Drink Come Up」的苦味比較不被所有消費者所接受，所以，推出「Light」或許才是治本之道。）

定森：「我認為考慮推出『Ultra Light』或『Super Light』是有必要的。聽說戴德飲料公司也計畫發表主打商品。」

董事B：（戴德當然也想搶占市場，若不先下手為強，市占率又要被搶走了。想必「Ultra Light」或「Super Light」就是所謂防止復發的對策吧。但哪一種的苦味比較淡呢？）

董事A：（同時實施緊急處置是不是比較好？像是擴大宣傳或舉辦活動之類的……無論如何，「Ultra」和「Super」，哪一種的苦味較淡呢？）

第6章

防杜潛在型的問題，要想兩對策

◎避免日後「可預期發生」的問題成真。

◎預防對策和查明誘因，是防杜潛在型問題描述的重要課題。

◎事先擬定好因應對策。

防杜潛在型問題，意指防杜那些尚未發生，但繼續放任下去，可能演變為糟糕狀況的潛在問題。換句話說，不讓現狀惡化，就是防杜潛在型的問題描述。隨著時間的流逝，危機可能迫在眉睫，所以防杜潛在型的問題，有時也伴隨著緊急性。防杜潛在型的課題有：

㈠設定一個一旦發生會造成困擾的問題（設定問題）。

㈡查明造成此問題的誘因（查明誘因）。

㈢思考預防問題發生的對策（預防用的對策）。

㈣思考問題發生時的對策（發生時的因應對策）。

除了上述的思考順序外，也可以先舉出從現況中觀察到的誘因，然後再延伸到可預期發生的問題上。也就是說，思考順序變成㈡→㈠→㈢→㈣。

防杜潛在型問題的目的，是維持無問題的現狀，所以，除了描述可預期的嚴重性之外，最重要的課題就是「預防對策」和「查明誘因」。

一般的預防對策，都是以排除導致問題的各個誘因為主。

例如：為防範打滑事故（**可預期的問題**）於未然，必須更換磨損（**誘因**）的車胎（**預防對策**）。

事先擬定因應對策，以免措手不及

期待一個能百分之百排除問題的預防對策，是不切實際的。很多時候，明明已經實施了預防對策，卻還是發生問題。

所以，我們應該事先擬定因應對策，以免突然發生狀況時措手不及。

預防對策，是為了降低問題發生率所擬定的策略。相對的，問題發生時的因應對策，則是發生問題時，為了控制損害所擬定的策略。好比說，雨傘是下雨時避免身體淋濕的預防對策，而毛巾則是身體淋濕時的因應對策。因應對策的重要性容易遭人忽略，請務必事先妥善制定。

防杜潛在型的問題描述案例

以下是目前尚未發生明顯徵兆，但繼續放任下去會出狀況的防杜潛在問題的描述。如同前文所提醒，除了釋明預防對策外，同時也該視需求補充說明，萬一發生狀況時的因應對策。

本公司的高品質、高價位產品向來頗獲好評，多年來也一直穩定成長。但展望未來，預期今後將會進入低成長期。（設定問題。）這是因為，高價市場已出現飽和的徵兆。（查明誘因。）因此，為了維持營運的穩定，除了要開發新品牌投入高價市場外，我認為現在正是考慮投入大眾行銷市場的好時機。（預防對策。）

此外，也可根據上述策略的成效，考慮開拓海外市場或收購其他公司，以擴大市場占有率。（這是預防對策成效不佳時的因應對策。但若預防對策頗具成效，不妨把上述策略當作是冀望進一步成長、追求理想型的行動計畫。）

防杜潛在型問題的簡報案例

松本在成長穩健的網購公司擔任資訊系統負責人。他在公司內部會議上，為今後的資訊策略向田中社長發表簡報。

松本：「因全新的市場行銷策略成功，所以，日本網路田中公司得以穩健成長。」

社長：（沒錯沒錯，這次指揮市場行銷策略的不是別人，就是我。）

松本：「指揮這次市場行銷策略的不是別人，正是社長。我認為社長獨特的簡報形式厥功甚偉。」

社長：（聲音高亢）「你明白就好。啊哈哈哈哈……。」

松本：「但是社長，本公司如果繼續成長下去（**查明誘因**），我預測再過不久，最遲半年後，現在的顧客管理系統就會超過負荷了（**設定問題**）。」

社長：「這是真的嗎？顧客管理是本公司最要緊的環節。系統超過負荷可是最糟糕的狀況，無論如何一定要避免這種情況發生。」

松本：「我了解這一點。因此，希望今天能趕快得到您的同意，實施系統擴張的**預防對策**，所以才占用了社長的時間。那麼，請您翻開手邊資料的第八頁。上面詳列了系統擴張的替代方案，以及評估結果。」

社長：「我明白了，請著手進行。還有，並非我不信任你，但我認為想要制定出完善的預防對策難如登天，設計完備的系統也一樣是不可能的，所以，請你假設系統超過負荷的情況，擬定一個**因應對策**來。」

松本：「好的。那麼我會在確認顧客資料備份系統的同時，挑選一家可立即協助電子數據處理的外包廠商。另外，我也計畫進行模擬訓練，到時再一起給您過目。接下來，請讓我進一步詳細說明。」

社長：「好的！麻煩你了！」

第7章

追求理想型的問題，要突顯落差

◎從「彌補現狀與理想間的差距」開始。

◎客觀面對分析對象，擬定合乎現實狀況的理想。

◎若缺少**詳細具體的行動計畫**，理想終究只是畫在紙上的大餅。

放任下去並不會造成問題，但現狀可以變得更好，也可說理想和現狀之間有差距。**彌補現狀與理想間的差距**，正是追求理想型的問題描述。

追求理想型的問題描述有：

㈠分析對象的優缺點（**資產盤點**）。

㈡選定可追求的理想＝目標（**選定理想**）。

㈢思考可達成理想的對策（**行動計畫**）。

資產盤點是一種比喻性的統稱，意指了解分析對象的具體現狀，包括環境分析在內。

舉例來說，當分析對象是企業時，針對公司本身、競爭同業、顧客（市場）、流通等各方面，分析其優缺點、機會或威脅等問題。若分析對象屬於受到管制的行業，還必須加上監督機關的動向分析。

設定理想——可以達到的目標

那麼，目標應該設在哪裡？目標（理想）設定得太遠，很可能一開始就打擊士氣，但設定得太近，又激不起人們的挑戰精神。

要設定一個適當的目標，必須先對本身的實力有所認識，再設定可以接受的理想，這點非常重要。

毫無登山經驗、體力又不好，卻設定目標要在一年後征服聖母峰，根本無法讓人信服。但如果以汽車可開至半山腰的富士山攻頂為目標，就比較合乎現實狀況。

還有，理想目標可以用一般的表現方式來描述，像是期待進一步的成長；也可以用具體的目標來表現，像是未來一年的營業額將增加三〇％；還可以沿著時間序列，同時設定數個目標。

詳細的行動計畫要素

即使設定了適當的理想目標，若不能利用有效的手段確實執行，是不可能達到的。因此，追求理想型，必須有可確實達到目標的詳細行動計畫。

一般的行動計畫要素有：

㈠設定**期限**。
㈡擬定實現此目標所不可或缺的要件。
㈢學習技能或知識。
㈣制定計畫表。

前面兩種問題描述裡出現的緊急處置、原因處理、防止復發對策、預防對策及問題發生時的因應對策，也全都必須依據上述㈠至㈣的行動計畫要素，擬定出來。

追求理想型的問題描述案例

以下是雖然現狀並無問題，但有進一步改善空間的追求理想型的問題描述案例。

就職七年，我一直兢兢業業的對待我的工作，也獲得大家的認可。公司本身也很穩定，不必擔心將來沒工作。因此，為了更加出人頭地，我打算取得經營管理碩士（MBA）學位。（選定理想。）

我本身並不討厭念書，也有一定的積蓄，想必可以得到先生的贊同。我還沒有小孩，時間上尚屬自由，只是考慮到累積的資歷，不太可能離職或留職停薪到國外留學。（資產盤點。）

如此一來，利用夜間和週末時間，為社會人士開辦的商業學校，較適合我的需求。如果是國立大學，不僅學費便宜，又值得信賴。我現在就要趕緊去索取相關簡介，也好著手辦理入學手續。我記得××大學的研究所，有開英語教學的MBA課程，就讀這間研究所可以順便學習英語，真可謂一石二鳥。（包括具體目標的行動計畫。）

追求理想型的簡報案例

石上是為了實現上市目標、創投企業石之上公司的社長。他為了公司的進一步成長，計畫併購別家企業。今天，他面對公司的主要股東，進行重要的業務簡報。

石上：「今天之所以請各位股東來此，是為了本公司石之上今後的成長，想向各位說明併購策略。」

股東A：（目前公司營運並無特別問題，卻要實施進一步的成長策略，真值得信賴。）

石上：「如同各位所知，本公司是十多年前成立的創投企業，且託各位的福，得以穩健成長，七年前更達成在日本店頭市場 JASDAQ 股票上市的目標。在如今嚴苛的環境中，期望未來能繼續發揮獨立經營的強項，再創高峰。」（選定一個「方向性」的理想。）

股東B：（身為股東，我對公司的經營狀況毫無不滿，只是有點在意公司的業績，過度依賴國內市場。）

石上：「為了維持重視股東權益的經營方針，並使公司進一步成長，我考慮併購目前承包主要零件的身樂瑠零件公司，我認為自產主要零件對公司有益。」（**擬定具體的目標。**）

股東C：（哦～併購身樂瑠零件公司啊！這可是重大決策。）

石上：「把身樂瑠零件公司納入旗下後，本公司的產品線將更為完備。」

股東A：（如果是併購身樂瑠零件公司，對石之上公司確實能產生不錯的加乘效果。）

石上：「此外，我還想藉由這次的併購案，進一步的開拓成長亮眼的中國市場。」

股東B：（想要進一步成長，還是得放眼中國市場。但是，真的有辦法把身樂瑠零件公司納入旗下嗎？）

石上：「這次併購策略的可行性非常高。本公司至今已成功併購了五家公司，雖然和本案相比，之前的併購規模較小。此外，在中國市場方面，除了原有的上海及北京據點，也已著手在長春、重慶、廣州等地成立營業點。來自中國市場的營業額，已占公司整體營業額的一七％。」（**資產盤點**。）

股東C：（但是，收購身樂瑠零件公司的話，面臨的問題將和過去完全不同，規模更大。）

石上：「執行併購案時，將會爭取核心銀行之一的東都五菱ＵＦＡ銀行的全面協助。我們會盡快以股票交換的形式，向對方提出具體的併購方案。（**行動計畫**。）接下來，由本公司的多田羅董事兼事業本部長，來為各位報告詳細方針。」

第8章

結合不同問題描述的組合技術

◎以特定的問題類型，做為問題描述的中心依據。

◎大型且金額高的案件，採用「防杜潛在型」口吻描述。

◎對高層或投資人提出建議或相關問題時，以「追求理想型」描述問題。

◎第四種問題類型為「避免機會損失型」，有時也頗具效果。

任何事情和現象，都可以用ＴＨ法所分類的三種問題類型來解釋。然而，當觀察者的觀點不同時，也會產生不同的切入點（問題類型）。

就設計讓人易於理解的簡報觀點來說，最重要的是**從三種問題類型中，選擇其中一種作為問題描述的中心依據**。

我已在第四章說明過，問題類型的選擇基準，必須根據對方對問題的認知而定。

■大型且金額高的案件，用防杜潛在型的問題描述

若要提出大型且金額高的企劃案，依據防杜潛在型的問題描述做簡報，效果最佳。因為就緊急性、成本與績效等兩方面來說，這種簡報方式最容易得到對方的認同。

如果是防杜潛在型，為了避免放任問題導致狀況惡化，所以簡報時可訴諸

事情的緊急性。

此外，問題的嚴重性仍未脫離預測範圍，所以可在實際狀況下，訴諸成本可產生的績效。

另一方面，恢復原狀型的問題描述，在問題的諸多限制下，不適用於大型且金額高的案件；而追求理想型，則欠缺緊急性，容易讓人輕忽懈怠。

高層及投資人想看到的，是代表成長策略的積極方案，也就是所謂的「資本價值故事」。最適合這類人的提案，便是追求理想型的問題描述了。

在簡報階段，實現理想可能獲得的好處，屬於預測性質，可以樂觀的預設理想。

因此，追求理想型的問題描述與防杜潛在型一樣，對於投資費用的效果，都具備容易**正當化**的優點。

恢復原狀型的問題描述，通常被視為「這是應該的」；而防杜潛在型則會引起聽者不安，讓人傾向保守態度，不願接受建議。

■處理人的問題，要用追求理想型

另一個適用追求理想型問題描述的，是組織相關問題，也就是伴隨著人的問題。

即使組織瓦解已是顯而易見的事實，但**追求理想型的問題描述，並不需要像恢復原狀型那樣露骨的分析原因**，所以就解決問題來說，效率較好。

舉例來說，某器材故障時，只要更換造成故障的零件即可修復，但組織的問題就不是這麼容易解決了。

因為組織中的「零件」（內部成員）是人，而這個零件會說話。

「我才沒有問題」、「是其他地方出問題」、「有問題的不是我」、「是○○先生有問題」等，有時會因為「零件」主張沒有問題，而很難掌握共通的現狀。

處理組織相關問題時，採用追求理想型的問題描述，就不必找出原因，可直接追求理想。

如此一來，組織內部就不會互推責任，去追究是誰做不好、誰不對，而會為了解決問題，專注在行動計畫上。

結合不同問題描述的「組合技術」

我們會用恢復原狀型，來修復已損壞的問題。但是，**單純恢復原狀的做法難免消極，應該提升至追求理想型**，化危機為轉機，改善得比從前更好。

同樣的，為防杜未來可能出現的問題，也就是為維持現狀而擬定對策的做法，也不夠積極，應該在防杜問題的同時，改善現狀。

也就是說，我們可將防杜潛在型的問題描述，提升為追求理想型。

像這樣利用組合的方法，**先把問題描述的中心依據，放在一種問題類型上，然後再結合其他類型，便是結合不同問題描述的「組合技術」**。

還有第四種：避免機會損失型

除了前文說明過的三種問題類型外，還有第四種候補的問題類型，叫做「**避免機會損失型**」。

具體而言，它是指**現在雖然沒有顯著的損害，將來也不會因此產生問題，但錯失這大好機會卻非常可惜**。

使用避免機會損失型的問題描述，可看出未來即使不會發生問題，卻會因為現在即將錯失的絕佳機會，而產生**急迫性**。更不會像追求理想型那樣，使聽者覺得現在不重要而輕忽。再加上機會損失的嚴重程度，可以用金額來表現，也就是能夠**訴諸數字**，即使是大型且金額高的企劃案，也能取得成本與績效間的平衡。

無論是單一問題類型也好，或是組合兩種問題類型也罷，問題描述中所要解決的課題，因簡報內容而不同。

舉例來說，使用恢復原狀型的問題描述時，簡報內容很可能只提到掌握現狀的課題而已，或者頂多再多一個分析原因。如果簡報內容需包括所有課題，就要再加上原因處理，和防止復發對策。

其他類型的問題描述也一樣。即將進行的簡報內容包括哪些課題，必須一開始就告訴聽者。

避免機會損失型的問題描述案例

自雷曼衝擊，到日本東北大地震以來，本公司在日本國內需求縮減、及日圓急遽升值的嚴苛經營環境下，依然維持穩定成長。和競爭同業相比，本公司依舊位居領先地位。現況看似毫無任何問題。（概況。）

然而實際上，本公司卻蒙受了巨額的機會損失。試算下來，本公司每年竟然支付了二十六億日圓的不必要成本。（掌握機會損失的狀況。）

數年前為節省成本而導入的ＪＩＴ[3]策略，因執行過當，造成公司傾注全力減少庫存，變成把庫存成本強加在相對弱勢的外包企業身上，導致許多外包企業倒閉，或是不得不轉而和其他公司做生意。本公司的生產效率因此低迷，結果反而增加了二十六億日圓的成本。（查明誘因。）

持續支付不必要的成本，雖不至於影響業績，卻非常浪費，所以本公司應立即著手匡正執行過當的ＪＩＴ策略。（原因處理。）

[3] ＪＩＴ（Just in Time）：及時生產系統。只在必要的時候生產必要的產品及數量，以提高經濟效率的技術體系。又叫做看板管理。

第3部

能成功傳遞訊息的版面設計

第9章

金字塔版面結構，內容不超過七頁

◎以金字塔結構為基本模式。

◎過於著重動畫，小心反效果。

◎注意配色。

簡報的基本原則，是先闡述「結論＝最想傳達的事情」，然後再說明理由，以佐證結論。所以，簡報的整體結構就是金字塔結構（如下方圖一）。所謂簡報，即是把金字塔結構裡的每一層訊息，由上而下逐一說明，並在最後再次確認結論。

一開始就明確提出結論＝最想傳達的事情，可以把內容被誤解的可能性減至最低。

然而，我們常見的簡報形式卻是從細節開始說明，最後才導入結論。這種方式會讓聽者難以掌握重點，最好避免採用。

接下來，我們來看簡報的整體形式，及其結構和組成順序。

圖一　**金字塔結構**

首先，**簡報的主旨，必須一開始就在概要及主摘要兩處載明清楚（❷）**（如下頁圖二）。

接著再表明具體的主要訊息（此次簡報最想表達的事）（❸）。支撐主要訊息的根據及理由，則由數個關鍵訊息來構成，而各個關鍵訊息又以多個次要訊息為依據（❹❺❻）。

此外，**主題則用來表明該頁面所要闡述的是什麼**。

根據這樣的結構，**簡報裡的每個「版面」，都是用數個下位訊息（標準是三個，最多五個），來佐證一個上位訊息**。

最後（❼），再次提出結論＝最想傳達的事情，告訴聽眾簡報的主旨。因為**聽眾是健忘的**，不可能完全記住並理解簡報的內容，所以必須在結束前，再次提出結論，以確定聽眾理解簡報的主旨。

一個關鍵訊息要由三個次要訊息來佐證，所以根據圖二來製作簡報資料的話，除了封面之外，還需要製作六張頁面。

圖二 麥肯錫簡報的基本結構

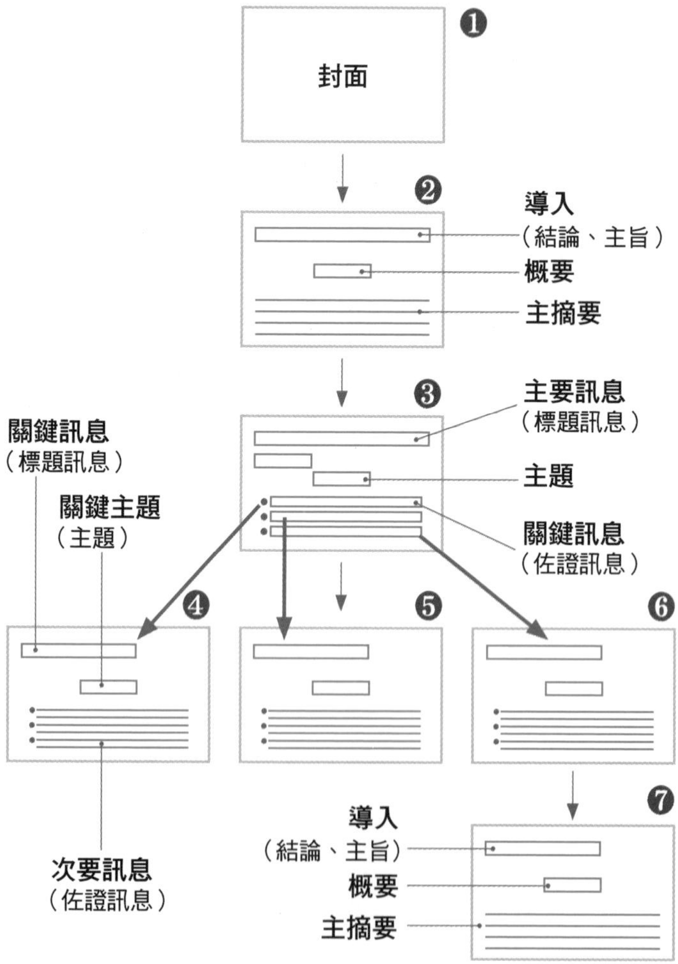

■過於著重動畫，小心反效果

升級版的簡報軟體，多了一個動畫選項。使用 Power Point 做簡報時，光是切換畫面的選項就有：切換投影片、淡出、推入、擦去、分割、顯示、隨機線條、圖案等。而且，各個選項之下，又有各種不同的選項。音效也是一樣。

針對**動畫和音效**，我的建議是**要節制使用**。

雖然有些發表者很明顯的偏好使用動畫及音效，但為防止**打斷聽眾的專注力**，**造成反效果**，商務簡報禁止過多的動畫和音效。在製作簡報時，過分花俏的動畫與音效，也很可能引發聽眾的反感，要有節制的使用。

■強調對比就用互補色

和動畫一樣，配色方面也要注意。

使用數個同色系的顏色，是配色的基本原則。

想要強調對比的話，不妨使用互補色。最具代表的互補色，是紅和綠。但因為紅綠的對比過於強烈，看久了會使眼睛疲勞，所以要有節制的使用。另外，黃色和紫色也是對比強烈的互補色，但是白色背景突顯不出黃色，使用上仍需多加注意。

任何顏色塗滿整個頁面都會形成視覺上的壓力，這時若能妥善利用漸層，有層次的調整顏色濃度，可減輕視覺上的負擔。另外，讓靜止畫面產生動感，也是漸層的優點之一。

從下一章開始，我將具體說明頁面的製作方式。

第10章

文字頁*的基本結構——正誤釋例

◎將你要傳達的訊息放在最上面一行，當作標題。

◎設定內文頁的主題。

◎頁面設計的基本原則：金字塔結構。

*一般是指內文頁。其他還有使用圖表的圖表頁，以及文字和圖表併用的頁面。

簡報的基本結構為金字塔結構，頁面設計也一樣。先揭示此頁面想要傳達的訊息後，再列出佐證的理由及說明。

首先，在所有頁面的左上方寫下「訊息（最想要傳達的事情）」。**把這個頁面最想傳達的訊息，用主語和述語所構成、清楚明瞭的「句子」表達出來**，當作此頁的標題。這就叫做「標題訊息」。

很可惜的是，大部分的簡報，都沒有在每頁的最上面一行，列出該頁的主張，少了這一行，簡報內容就不易讓人理解。所以，一定要把標題訊息放在每頁的最上方（請見下頁圖三）。

標題訊息的長度，最長不能超過兩行，字體級數在二十到三十的範圍內最佳。附帶一提，我通常使用二十四字級的字體，但如果是利用電視或筆記型電腦等較小的螢幕做簡報，則會使用稍大的三十字級的字體。

此外，**沒有訊息的頁面不能存在，因為沒有訊息，該頁面就沒有存在的價值。這時，要嘛增加訊息，不然就刪除頁面**。這是我在麥肯錫工作期間，學習

圖三 文字頁的基本結構

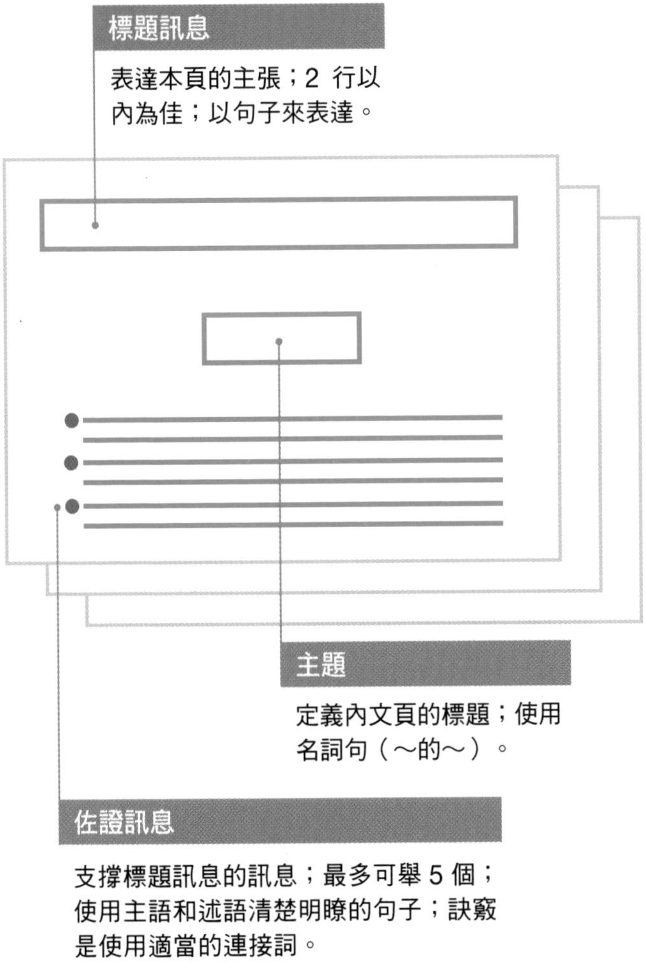
標題訊息
表達本頁的主張；2 行以內為佳；以句子來表達。
主題
定義內文頁的標題；使用名詞句（～的～）。
佐證訊息
支撐標題訊息的訊息；最多可舉 5 個；使用主語和述語清楚明瞭的句子；訣竅是使用適當的連接詞。

到的重要技巧之一。

標題之下要「標籤」，主題以十字為限

標題訊息的下面需要一個主題，來表達該頁要闡述的事情。你可以把它想成是在頁面這個容器上，貼上一個表示內容物的標籤。這和一般所謂的標題，意思相同。

因為是主題，所以不必用完整的句子來表現，使用名詞句即可。

一般使用的形式是「～的～」。例如：「狀況的說明」、「原因的解說」、「提案的內容」、「今日的重點」、「其他公司的狀況」、「去年度的銷售狀況」、「今後的預測」、「溫度的變化」、「諮詢件數的變化」、「法律修正的實際情況」、「救濟受害者的動向」等，都是主題（請見圖四，第一二七頁）。

以十個字為上限，字體級數也以二十到三十為佳。

製作簡報時，要把每張頁面都視為獨立的容器，**同一個主題不能橫跨數張頁面。所有的頁面都要有不同的主題。**

若單一主題包含的訊息量過多，可進一步細分該主題。也就是，把一個主題分割成數個主題，然後用數張頁面來表現（請見圖五，第一二九頁）。

佐證訊息最多不超過五個

在標題訊息及主題之下，就是身為內文的「佐證訊息」了。佐證訊息必須使用主語和述語、清楚明瞭的句子，不適合用列舉關鍵字或片語的方式。

句子長度和標題訊息一樣，不超過兩行，字體級數也要在二十到三十之間。**佐證訊息的數目以給人穩定感的三個為基準，最多不能超過五個。**因為佐證訊息過多，會使版面顯得擁擠，降低對聽眾的衝擊，難以留下深刻的印象

（請見圖六，第一三一頁）。

如果只是把佐證訊息羅列出來，不僅不易連貫前後文，內容也難以正確傳達出去，但如果可以**在句子開頭使用適當的連接詞，使前後文串連起來**，便能立即提高聽眾的理解度及滿意度（請見圖七，第一三三頁）。

總合來說，所有頁面的結構都是「標題訊息」＋「主題」＋「佐證訊息」。這些名稱會因各頁面所屬階層的不同，而有不同的代表名詞，但基本結構都是相同的。

- **基本型：**

標題訊息＋主題＋佐證訊息

- **實際頁面的主要部分：**

主要訊息＋主要主題＋關鍵訊息

- **佐證關鍵訊息的頁面：**

關鍵訊息＋關鍵主題＋次要訊息

※有關「訊息」、「主題」和「金字塔結構」的詳細內容，請參考拙著《麥肯錫寫作技術與邏輯思考》（大是文化出版）。

改善前

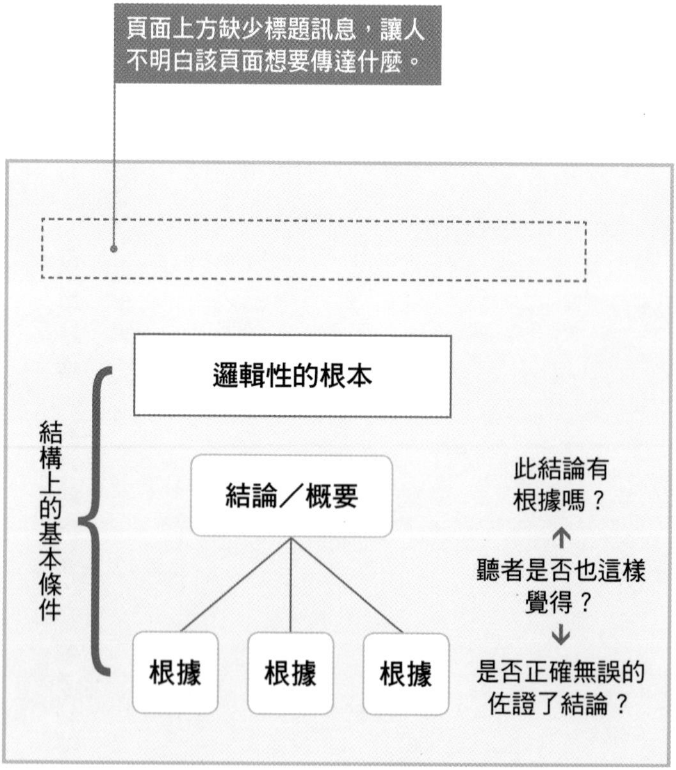
頁面上方缺少標題訊息，讓人
不明白該頁面想要傳達什麼。
邏輯性的根本
結構上的基本條件
結論／概要
根據
根據
根據
此結論有
根據嗎？
聽者是否也這樣
覺得？
是否正確無誤的
佐證了結論？

圖四　每頁都一定要有「標題訊息」

改善後

頁面上方有標題訊息，讓人一看就明白該頁面想要傳達什麼。

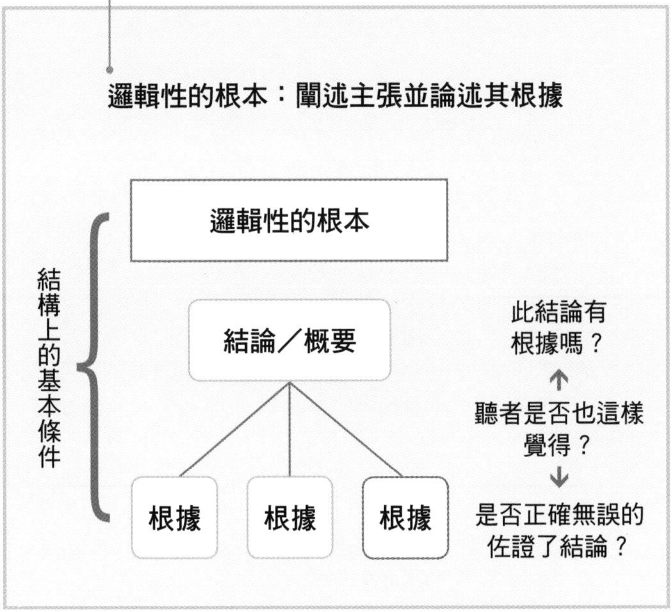

改善前

頁面上的文字過多，標題訊息也太長。

圖表和表格的訊息表達方式，基本上和文字頁相同，但圖表需特別注意表達方式是否簡潔有力。

圖表版面設計的注意事項

- 鎖定主要資訊，避免訊息過多。
- 突顯想要主張的重點。
- 為了讓聽者理解，視需要處理第一手資訊。
- 不使用無意義的三次元圖表。
- 想要表達的訊息，和圖表代表的含意需一致。
- 表達的訊息要有一致性，且使用不造成視覺負擔的顏色。
- 圖表和圖解的表現方式需化繁為簡。
- 避免使用過多動畫。

8個注意事項太多了。難以取捨的話，可分類後分成兩頁闡述。

圖五　欲傳達資訊過多時，要細分主題、分頁介紹

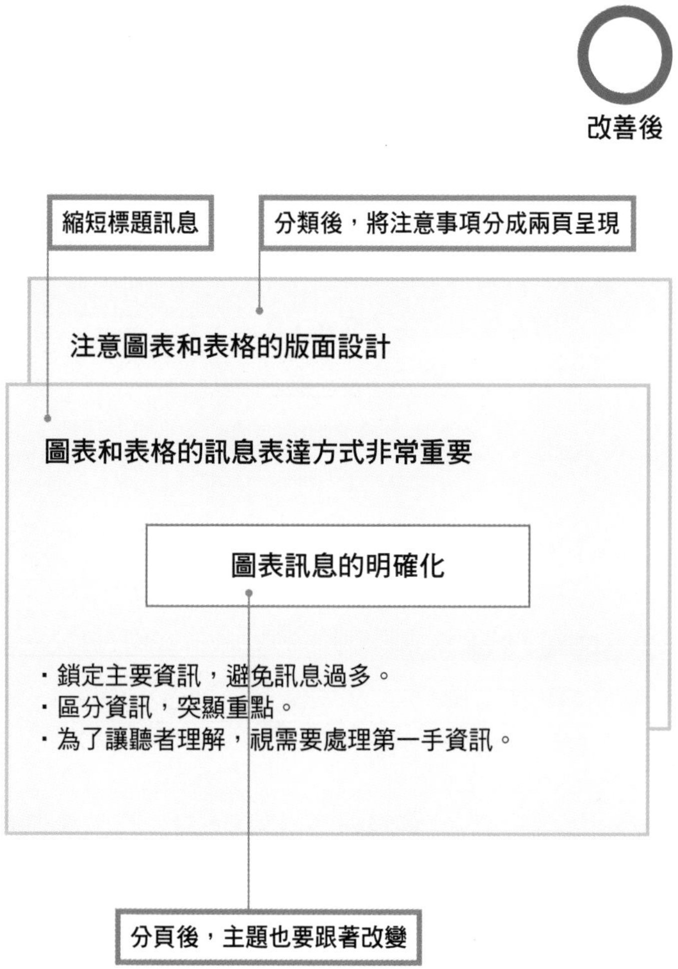
改善後
縮短標題訊息
分類後，將注意事項分成兩頁呈現
注意圖表和表格的版面設計
圖表和表格的訊息表達方式非常重要
圖表訊息的明確化
・鎖定主要資訊，避免訊息過多。
・區分資訊，突顯重點。
・為了讓聽者理解，視需要處理第一手資訊。
分頁後，主題也要跟著改變

✕
改善前

製作以聽者為主的文件，需遵循五大要點

商業文件的檢查要點

1. 設定對聽者來說重要的主題。
2. 一次就能理解。
3. 有邏輯且具體的表達方式。
4. 考慮聽者的立場。
5. 視需求採取具體的行動。

這五點都是「片段的句子」，不是「訊息」。

圖六　佐證訊息要有完整的主語和述語——有「人味」

○
改善後

製作以聽者為主的文件，需遵循五大要點

商業文件的檢查要點

1. 選擇一個對聽者而言，重要的主題。
2. 讓聽者一次就理解自己想表達的重點。
3. 使用有邏輯且具體的方式，表達想說的重點。
4. 考慮聽者的立場再表達。
5. 視需求，要求聽者採取具體的行動。

為佐證標題訊息，使用結合主語和述語的完整句子。

改善前

前後關係不明確

提高雙方的滿意度，將談判視為包套交易

提高滿意度的方法

- 人未必會尋求唯一，或是相同的東西
- 可把談判視為具備多種要素的包套交易
- 可增加提高綜合滿意度的可能性

佐證訊息之間的前後關係不明確

圖七　要條列，同時善用連接詞，有助聽者理解內容

改善後

有了連接詞後，較容易了解前後文關係

目的／手段連接詞

為了提高雙方的滿意度，可將談判視為包套交易

提高滿意度的方法

・人未必會尋求唯一，或是相同的東西。
・因此，可把談判視為具備多種要素的包套交易。
・這種做法可增加提高綜合滿意度的可能性。

歸結連接詞

目的／手段連接詞

第11章
圖表頁的運用要領

◎圖表和表格是支撐標題訊息的佐證訊息。

◎可傳達明確訊息的版面設計。

◎別太依賴軟體附屬的預設圖表。

使用圖表和表格的頁面，版面配置也和文字頁一樣，只不過，輔佐標題訊息的佐證訊息並非文字，而是圖表或表格。

標題訊息在最上面，其次是主題，下面則是作為佐證訊息用的其他圖表或表格。

圖表和表格的數量，視主題的複雜程度而定，但最多不可超過三個。

和文字訊息要用主語和述語、清楚明瞭的句子來表達一樣，圖表和表格所傳達的訊息，也要以清楚明瞭為原則。

圖表頁也要使用金字塔結構

以曲線圖來說，圖面上如果同時放了十條或二十條曲線，會讓人無所適從。所以，要鎖定重點，最多以不超過三條曲線為原則。

有時即使鎖定重點，只用三條曲線來表現，但如果曲線互相重疊的話，依然會妨礙到視聽者的解讀。遇到這種情況時，不妨分成三張曲線圖來表現（請見圖八，第一三九頁）。

如果想按照時間序列，呈現結構比率的變化時，可使用縱向的柱狀圖。**千萬不要用圓形圖來橫向排列，更不可逐年加大圓形圖，互相重疊成同心圓，因為那只會變成射飛鏢用的鏢靶。**

如圖九所示（第一四一頁），其他需要注意的事項還有：

- 時間序列不可用縱軸，要用橫軸表示；
- 想要突顯的項目可加陰影；
- 柱狀統計圖的升降順序，需依某種序列來表示；
- 在圖表上用虛線標示出平均值，以供參考；
- 想要讓人注意到變化之處，就要突顯變化；
- 項目名稱不可離得太遠，要放在曲線或柱子的旁邊。

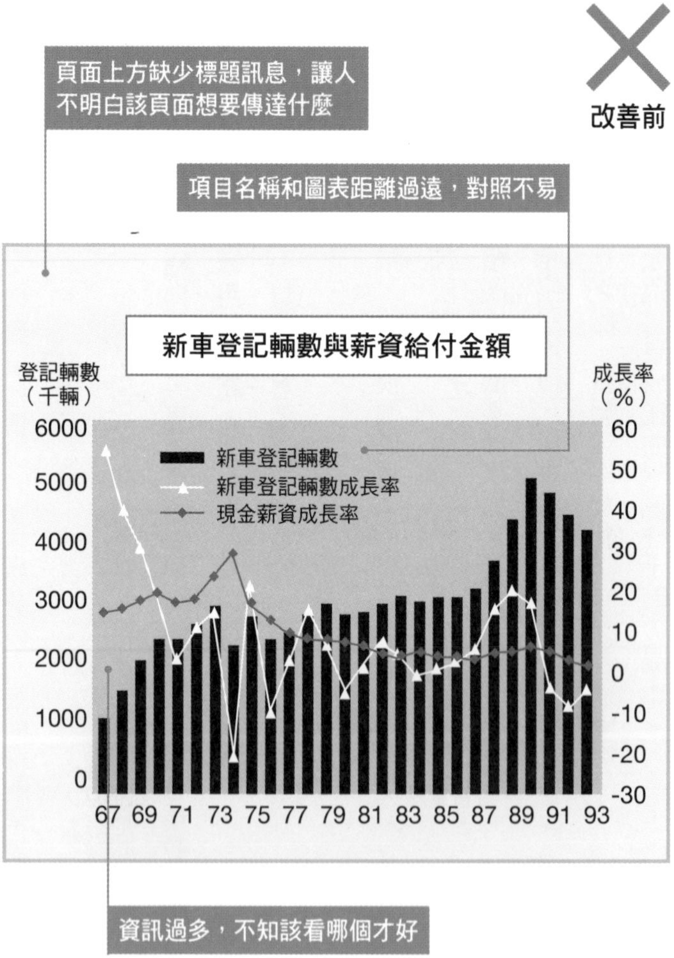

改善前
頁面上方缺少標題訊息，讓人不明白該頁面想要傳達什麼
項目名稱和圖表距離過遠，對照不易
新車登記輛數與薪資給付金額
登記輛數（千輛）
成長率（%）
6000
5000
4000
3000
2000
1000
0
60
50
40
30
20
10
0
-10
-20
-30
新車登記輛數
新車登記輛數成長率
現金薪資成長率
67 69 71 73 75 77 79 81 83 85 87 89 91 93
資訊過多，不知該看哪個才好

圖八　圖表頁也要使用金字塔結構

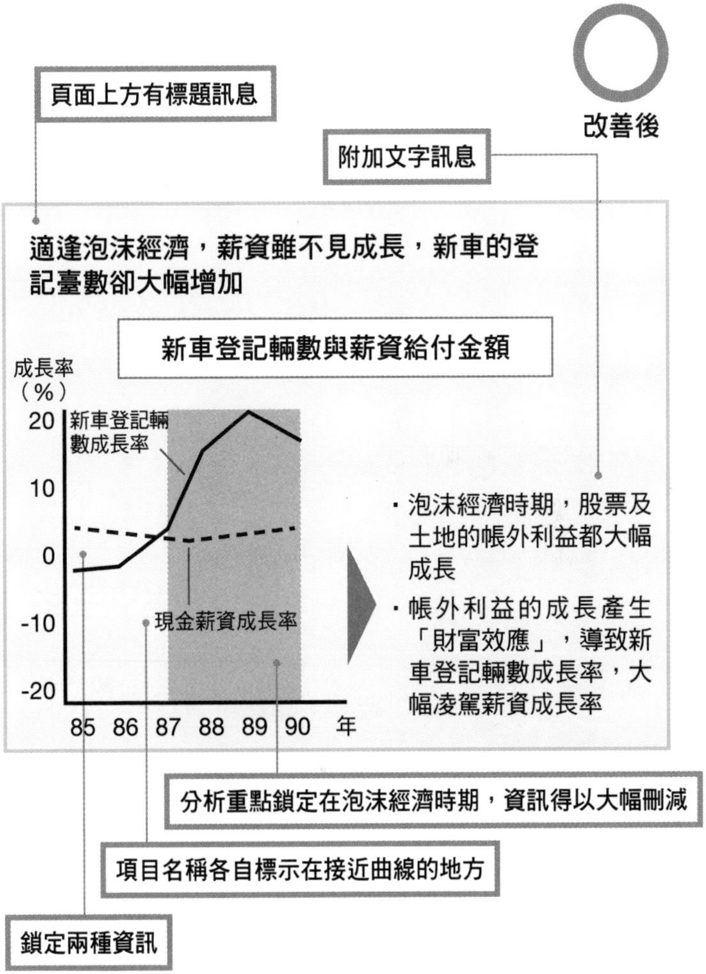
改善後
頁面上方有標題訊息
附加文字訊息
適逢泡沫經濟，薪資雖不見成長，新車的登記臺數卻大幅增加
新車登記輛數與薪資給付金額
成長率（%）
20
10
0
-10
-20
新車登記輛數成長率
現金薪資成長率
85 86 87 88 89 90 年
・泡沫經濟時期，股票及土地的帳外利益都大幅成長
・帳外利益的成長產生「財富效應」，導致新車登記輛數成長率，大幅凌駕薪資成長率
分析重點鎖定在泡沫經濟時期，資訊得以大幅刪減
項目名稱各自標示在接近曲線的地方
鎖定兩種資訊

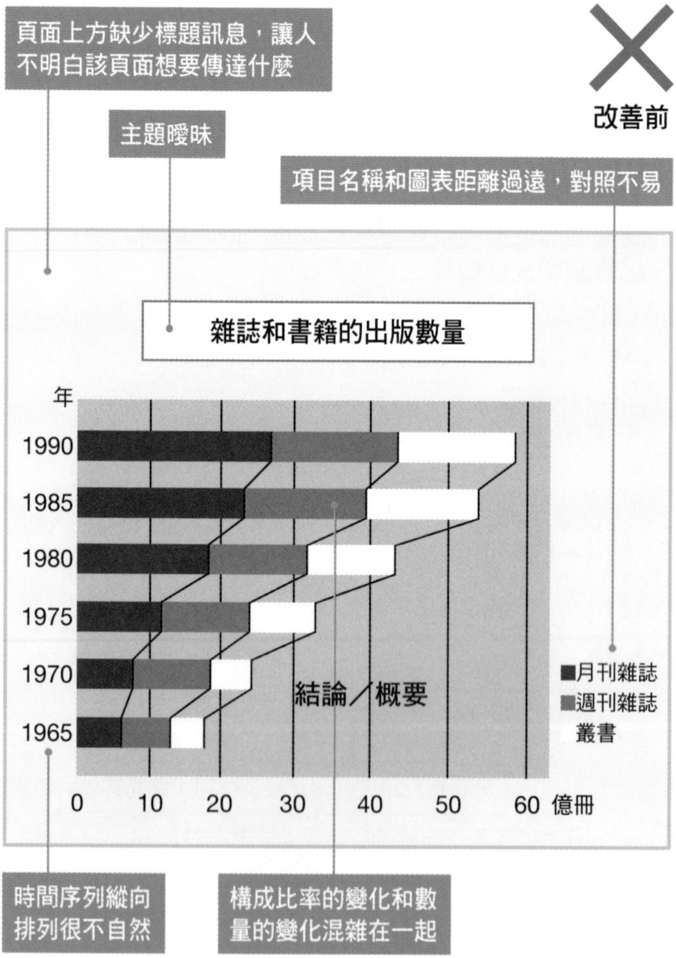
頁面上方缺少標題訊息，讓人不明白該頁面想要傳達什麼
改善前
主題曖昧
項目名稱和圖表距離過遠，對照不易
雜誌和書籍的出版數量
年
1990
1985
1980
1975
1970
1965
0
10
20
30
40
50
60
億冊
結論／概要
月刊雜誌
週刊雜誌
叢書
時間序列縱向排列很不自然
構成比率的變化和數量的變化混雜在一起

圖九　整理資訊以製作圖表

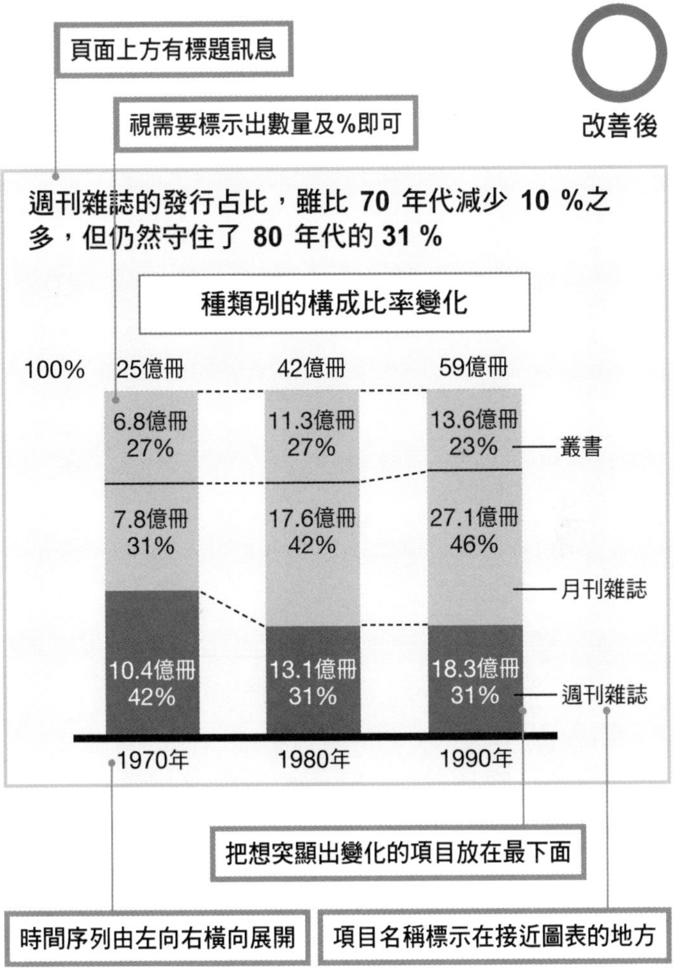
頁面上方有標題訊息
視需要標示出數量及%即可
改善後
週刊雜誌的發行占比，雖比 70 年代減少 10 %之多，但仍然守住了 80 年代的 31 %
種類別的構成比率變化
100%
25億冊
42億冊
59億冊
6.8億冊
27%
11.3億冊
27%
13.6億冊
23%
叢書
7.8億冊
31%
17.6億冊
42%
27.1億冊
46%
月刊雜誌
10.4億冊
42%
13.1億冊
31%
18.3億冊
31%
週刊雜誌
1970年
1980年
1990年
把想突顯出變化的項目放在最下面
時間序列由左向右橫向展開
項目名稱標示在接近圖表的地方

請務必站在聽者的立場，用簡單易懂的方式呈現。

版面設計的重點在於想表達的訊息是否明確，是否使用聽者容易理解的表達方式，這點千萬不可忘記。

容易理解比好不好看更重要

如果著重的是訊息的明確化，及聽者容易理解的表達方式，就要特別注意軟體附屬的預設圖表。

Excel 等電子試算表軟體，有許多預設圖表可供選擇，但是，圓形圖需要高度嗎？縱向的柱狀圖需要深度嗎？曲線圖真的需要做成3D圖嗎？

選擇圖表時，請勿從美觀與否的角度來選擇，要從容易理解及簡單與否的角度來取捨。

第12章

圖表與文字，你得這樣組合

◎圖表訊息可用文字補充說明。

◎版面要由左向右。

◎概念圖也可補充文字，幫助理解。

即使頁面最上方的標題訊息已經寫得很清楚了，但是，只用圖表佐證標題訊息還是有風險。做簡報時，很可能用掉太多時間在說明圖表，或是遺漏掉重點。有時即使口頭說明得很清楚，但光用聽的，聽眾仍然不容易理解，無法留下深刻的印象。

因此，為提高聽者的理解度及維持簡報的流暢度，用文字來補充說明，也是一種很好的方法。我建議使用的文字訊息數是三個。

圖表放左邊，文字放右邊

圖表和文字併用時，一般可由左向右設計版面，把圖表放在左邊、文字放右邊。

不論是日語、英語、或橫排中文，大多都是由左向右讀寫文字，所以聽眾也都習慣性的由左向右閱讀。而且，**圖表放在左邊，可先給右腦一個直覺的印象，之後看到右邊的文字，就會在左腦形成邏輯**。

偶爾可以看到頁面的上半部是圖表，其下是文字說明的縱向型版面設計。這種版面適用於縱向的A4紙，但簡報版面不建議採用縱向設計。因為**簡報的版面多是橫向擺放**，而且人的橫向視野寬度，也大於縱向視野。所以，**由左向右的橫向設計，是簡報版面設計的基本原則**（請見下頁圖十）。

用文字訊息幫助理解概念圖

除了圖表和表格外，簡報有時也會使用概念圖（如圖十一，第一四九頁）。

所謂概念圖，是指不使用數字或數量，只表達事物間的關係，或文字概要的圖表。例如：市場行銷的4P、策略的3C、業界分析的五大能力等的架構圖，都屬於概念圖。組織圖或表示某種步驟的流程圖，也屬於概念圖的一種。

改善前

頁面上方缺少標題訊息，讓人不明白該頁面想要傳達什麼

最快得到成果的行事步驟

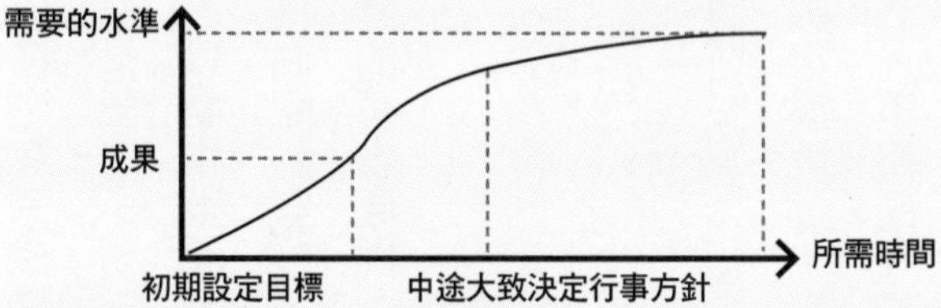

- 即使想腳踏實地慢慢累積成果，卻常常做到一半，時間就不夠用了。
- 初期先假設一個目標，並提出答案。
- 目標設定後，邊做邊驗證，並在發現錯誤時立即修正，是最快達成目標的方法。
- 一鼓作氣決定大致方向。
- 之後再一邊驗證，一邊鞏固答案。
- 即使中途曾經暫停，也還是要持續進行。
- 不浪費時間、花好幾天或好幾週去調查，卻得不出結論。
- 結交幾位感性的朋友，或是可供諮詢的對象，刺激自己成長。

重點過多，無法鎖定焦點

版面縱向設計，聽者不易理解

圖十　圖文整合要由左向右

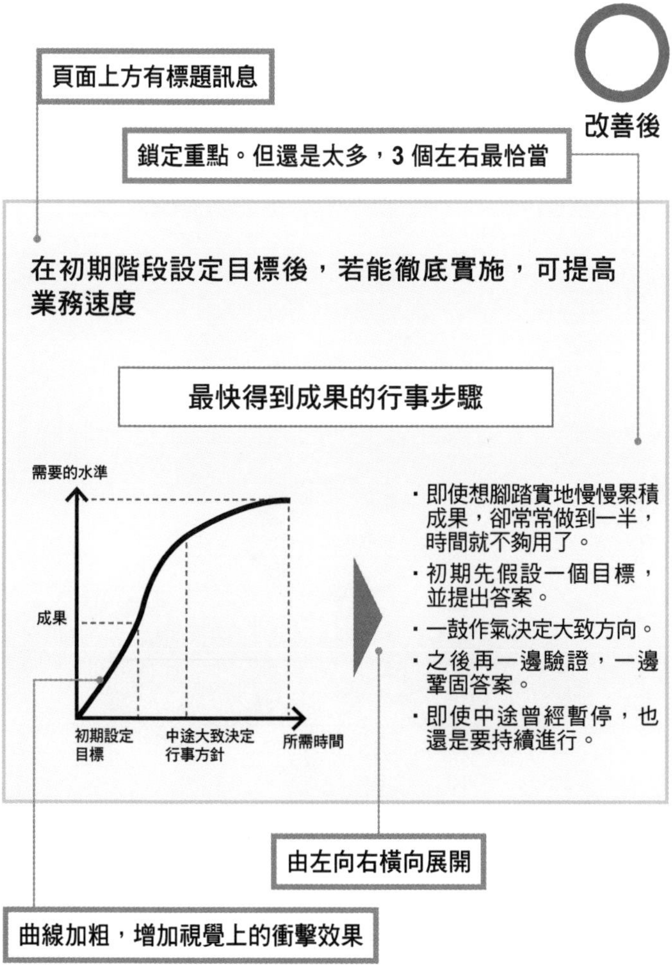
改善後
頁面上方有標題訊息
鎖定重點。但還是太多，3 個左右最恰當
在初期階段設定目標後，若能徹底實施，可提高業務速度
最快得到成果的行事步驟
需要的水準
成果
初期設定目標
中途大致決定行事方針
所需時間
・即使想腳踏實地慢慢累積成果，卻常常做到一半，時間就不夠用了。
・初期先假設一個目標，並提出答案。
・一鼓作氣決定大致方向。
・之後再一邊驗證，一邊鞏固答案。
・即使中途曾經暫停，也還是要持續進行。
由左向右橫向展開
曲線加粗，增加視覺上的衝擊效果

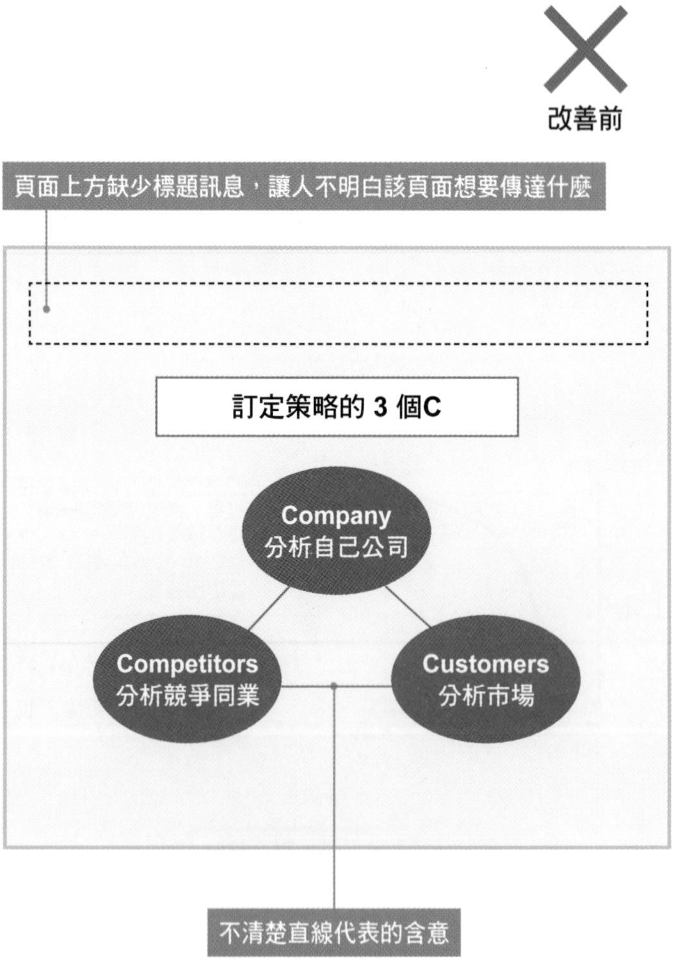
改善前
頁面上方缺少標題訊息，讓人不明白該頁面想要傳達什麼
訂定策略的 3 個C
Company
分析自己公司
Competitors
分析競爭同業
Customers
分析市場
不清楚直線代表的含意

圖十一 概念圖的製作方式

改善後
頁面上方有標題訊息，讓人一看就明白該頁面想要傳達什麼
分析公司的策略時，需網羅 3 個C的面向
訂定策略的 3 個C
Company
分析自己公司
與別家公司有
差異性嗎？
能滿足顧客的
需求嗎？
Competitors
分析競爭同業
Customers
分析市場
別家公司有哪些
優點或缺點？
說明直線代表的含意

使用概念圖時，不能只依賴圖形，也要補充文字訊息。

在表示時間序列時，難免會用到箭頭符號。但是，箭頭符號用在時間序列以外的圖表上，就容易產生模稜兩可的意思。是表示同列的概念嗎？表示某種因果關係嗎？以直線連接時又代表什麼意思？俯瞰概念圖時，上下呈現什麼樣的關係？左右又有什麼樣的順序？

所以，善用文字訊息來表達原因、結果、手段、目的、條件、制約、時間序列、重要程度等，便能做出聽者容易理解的概念圖。

特別提供

公司內部的迷你簡報，該怎麼設計格式？——A4報告

上班族經常需要製作各種書面資料，向上司報告、提案，或是取得上司的理解。在公司內，利用A4大小的書面報告進行溝通，是很常見的情況。這也可說是平時對上司、同事或屬下的迷你簡報。

像這種在公司內部發表的迷你簡報格式，要怎麼設計才能發揮效果呢？

A4報告也是金字塔結構

報告格式基本上也要依循金字塔結構（如下頁圖十二）。也就是把結論當作主要訊息，放在版面的最上方，由上而下，依次是關鍵訊息及次要訊息。

此外，如果報告頁數超過五頁，屬於長篇資料時，若可以把整份簡報的概要放在第一段落，讀者就能先透過概要，掌握整份報告的要點；之後再詳細閱

讀內文說明，加深對內容的理解，減輕閱讀上的負擔。而且較忙碌的讀者也能在讀完概要後，大致了解報告的內容。

注意段落結構

構成報告格式的訊息區塊就是段落。以Power Point的簡報形式來說，等於一張頁面（如下頁圖十三）。

訊息區塊是視每一行的文字數而定，但大約每五行

圖十二 A4報告也要以金字塔結構為基本架構

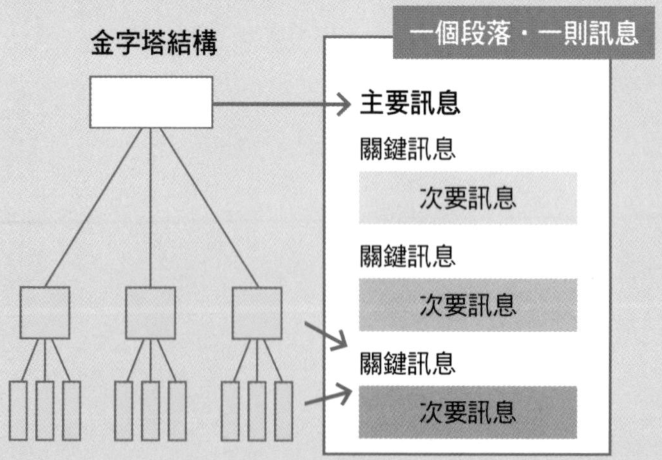

想要加長篇幅，只要增加次要訊息（內文）即可。

圖十三　一個段落相當於簡報的一張頁面

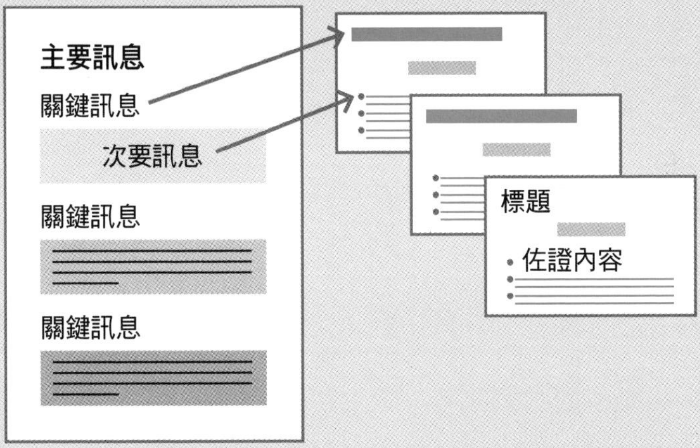
主要訊息
關鍵訊息
次要訊息
關鍵訊息
關鍵訊息
標題
佐證內容

圖十四　段落的具體案例

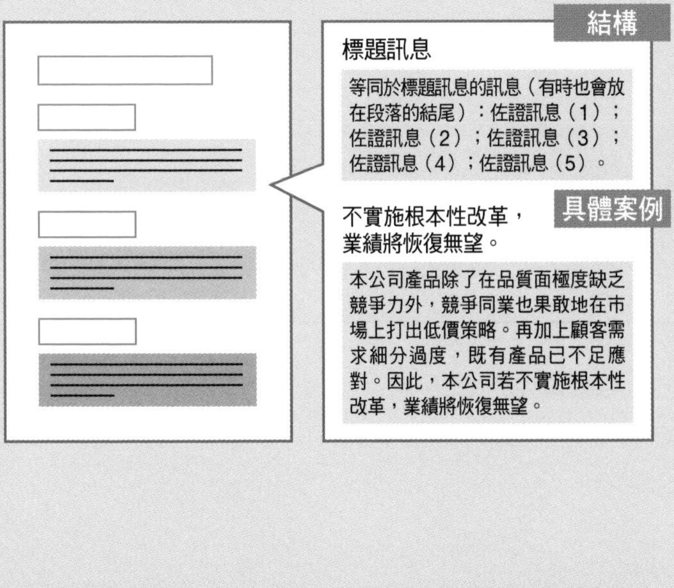
結構
標題訊息
等同於標題訊息的訊息（有時也會放在段落的結尾）：佐證訊息（1）；佐證訊息（2）；佐證訊息（3）；佐證訊息（4）；佐證訊息（5）。
具體案例
不實施根本性改革，業績將恢復無望。
本公司產品除了在品質面極度缺乏競爭力外，競爭同業也果敢地在市場上打出低價策略。再加上顧客需求細分過度，既有產品已不足應對。因此，本公司若不實施根本性改革，業績將恢復無望。

到十行，就能形成一個段落。

就簡報而言，一個段落等於一張頁面，由關鍵訊息（標題）及次要訊息（內容佐證）所構成。

通常，次要訊息（佐證訊息）的開頭，會放一個等同於關鍵訊息（標題）的訊息；段落的結尾，也會用一個相當於關鍵訊息（標題）的訊息，來當作結論（如上頁圖十四）。像這樣注意段落結構是非常重要的。

視內文分量調整報告篇幅

Ａ４報告和簡報一樣，可透過內文份量的增減，來調整報告的篇幅。若想加長篇幅，就增加次要訊息；若想縮短篇幅，則減少次要訊息。

我不建議用關鍵訊息的數量來調整篇幅，因為重要的關鍵訊息不應該隨意增減。有關段落的詳細解說，請參考拙著《麥肯錫寫作技術與邏輯思考》，（大是文化出版）。

第4部

麥肯錫菁英怎樣準備、怎樣上臺簡報

第13章

單刀直入由上而下，否則必遭曲解

◎最後才闡述結果的「由下而上法」，等於與聽者為敵。

◎先說結論的「由上而下法」，才是對聽者友善的方式。

◎先說結論再談細節，具備迴避風險的效果。

簡報的基本原則應是先闡述結論。然而，大部分的人卻相反，從小細節開始說明，最後才歸納結論。

從小細節開始說明，等於是在簡報方向尚未明朗化前，就提供各種線索，讓聽者得以自行揣測，歸納出一個自以為是的結論。

這種做法會在最後總結時，增加讓聽者覺得「才不是你說的這樣呢！」的可能性。

由下（細節）而上（結論）的說明順序，可用在推理小說或懸疑劇場，但不適用於商業簡報，因為這種做法，與聽者思路互相抵觸的危險性實在太高。

對聽者友善的由上而下法

相反的，先闡述最終結論的由上而下法，能帶給聽者安心的感覺。這就像是**一開始先告知目的地，然後再沿路說明景點一樣，知道最終目的地可讓人感**

到安心。而且，聽者知道結論之後，就不必自己胡思亂想，可安心聆聽簡報，說服力自然能提高。

有些人擔心簡報先說結論再說細節，可能會一開始就遭到聽者反駁。即使有聽者一開始覺得：「咦？不是這樣吧？」但我相信，他們還是會想知道如何得到那種結論，於是，發表者才有機會利用接下來的內容說服他們。這種發表方式比起到最後才讓聽者覺得：「才不是這樣！」的由下而上法，好太多了，如果早就預測到聽者很可能會反駁，不妨在簡報開始時表明：「結論或許與各位預期的不同，還請各位耐心聽完簡報內容。」

此外，即使簡報做得不好，事先闡述結論的方式，也能讓發表者和聽者的心裡感到踏實。進一步說，也可以期待聽者自行思考、解釋簡報的內容：「雖然不太理解簡報內容，但既然結論是X，應該可以這樣說明吧。」

總而言之，由上而下法具備迴避各種風險的效果。

簡報順序要由上而下──否則必遭中斷或曲解

堀小姐在公司的業務會議上，向社長報告自己花了半年時間、精心制訂出來的物流體制改革方案。但是，她不是採用由上而下的說明方式。

堀：「今天我想針對懸宕已久的物流體制改革，提出執行方案。首先，我將具體說明公司最近的業績，及物流和業務的處理流程……。」

社長：（我很清楚業績狀況。快點進入主題吧！）

堀：（經過十分鐘的說明後）「由此可知，幾個物流中心可能配送的區域和顧客，多半分散各地。接下來，我要具體說明競爭同業的狀況……。」

社長：（原來如此。看來整合物流中心才是最好的辦法，我從以前就想這麼做了。）

堀：「因此，許多競爭同業都積極整合物流中心。」

第13章　單刀直入由上而下，否則必遭曲解

社長：（果然如此。總覺得公司已經落後其他同業了。）

堀：「接著，我要說明顧客的心聲。我用了三週的時間，徵詢了本公司六十家重要客戶。而且還用匿名方式，和競爭同業進行滿意度調查的比較，待會兒我會一起報告調查結果。首先，關於徵詢顧客的選拔基準……。」

社長：〔已聽了二十分鐘。打斷簡報〕「堀小姐，我都清楚了。請盡速進行物流中心的整合，就大刀闊斧制訂一個減半計畫來吧。」

堀：〔大吃一驚〕「咦？物流中心減半嗎？這有困難，大幅刪減物流中心的風險太大……。」

社長：〔打斷〕「我當然知道物流體制的大規模改革，必定伴隨著痛苦，但不得不做的事就得下定決心去做，這就是經營。有時就是必須做出困難的決定……堀小姐，接下來就拜託妳了，請盡速提出物流中心減半的計畫書。我要去泰國出差了。」〔從社長座位起身〕

堀：〔陷入恐慌狀態〕「好、好的。我知道了。」

︵呆立三分鐘。回過神來，會議室只剩自己一人︶（怎麼會這樣？我想建議的明明是擴大物流中心啊！別家公司整合物流中心的結果，是造成顧客滿意度下滑，所以我才想建議公司增加物流中心，爭取別家公司的顧客。這下怎麼辦才好？社長又是那種一旦下定決心就不再更改的人，更何況又是在業務會議上做出的決定，這下訂出完全相反的策略了。我原本想要好好的引導社長，現在，該怎麼辦？）

剛才那個報告，哪裡有問題？

原計畫是建議增設物流中心，最後卻做出完全相反的減半決議。

✖未從結論開始闡述

堀小姐的簡報順序完全錯誤。

她採用的是典型的由下而上法。

她一開始確實表達了此次簡報的主旨：「我想針對物流體制改革提出方案。」但這句話只是主題，並非訊息，它只提示了接下來的簡報，將針對哪件事做說明，並未揭露出方案的內容。

由下而上法的說明方式，必須到最後結尾，才會出現最想傳達的訊息。

✖一開始就提供聽者可自行解釋的線索

堀小姐因為採用由下而上法做簡報，給了社長許多可自行解釋的線索。結果，社長果然開始做些自認為合乎邏輯的說明。

提供同樣的事實，卻不能保證聽者一定會做同樣的解釋。因為聽者各有各的理論、經驗、價值觀、判斷基準及行動原則，這些都超過簡報發表者所能掌控的範圍。

發表者想要誘導聽者的思路並非易事。

✖接獲來自社長的相反提案

堀小姐最後反而接到來自社長的相反提案。在公司業務會議上，物流中心減半，最後變成決議事項。和個人提案完全相反的方案，就在自己眼前拍板定案，自然會感到茫然若失。

如果堀小姐當時能維持平常心，社長的提案也不會變成決議事項。

她其實**可以這樣補救挽回**：「事實上，我原本也以為刪減物流中心，是目前最好的辦法，但是從顧客滿意度的觀點來考量後，我發現，反而是增加物流中心才能爭取到別家公司的顧客。詳細原因等您出差回來之後，我再繼續向您報告。」

簡報順序要由上而下——簡報未完就搞定老闆

堀：「今天我想針對懸宕已久的物流體制改革提出方案。我先說結論。我的結論是建議公司擴充物流中心，因為我認為擴充物流中心，可爭取到對其他公司的物流服務不滿的顧客。那麼，本日的……」（從結論開始闡述。這是採用由上而下法做簡報的證明。）

社長：（擴充物流中心啊！）〔打斷簡報的進行〕「堀小姐，怎麼我的印象卻是應該整併物流中心才對？是我錯了嗎？」（從結論開始闡述的由上而下法，有時雖會像這樣帶給聽者不對勁的感覺，卻有機會利用接下來的簡報內容說服聽者，不像由下而上法那樣，導致雙方的意見最後背道而馳。）

堀：「社長會有這種印象非常正常。事實上，我以前也認為應該整合物流中心，但經過分析之後，我才得到今天這個增設物流中心的結論。請您務必聽完今日的簡報內容。」（虛心接受聽者的質疑。促使聽者傾聽簡報內容。）

社長：「這樣啊。雖然有點奇怪，但請妳繼續說明吧。」

堀：「好的。首先，我要說明今日簡報的整體概要。我的結論是，為了爭取對別家公司不滿的顧客，本公司應該進一步擴充物流中心。近年來，其他公司基於效率觀點，積極著手進行物流中心的整合，結果就顧客滿意度、及緊急情況時的風險管理來看，卻發生了諸多問題。」（先公開結論，再說明整體概要，有助於聽者理解接下來的詳細說明。）

社長：（原來如此。我原以為物流中心的重疊是本公司的缺點，沒想到在顧客滿意度及緊急情況時的因應上，卻成為爭取顧客的優勢。嗯……這也是有道理）（簡報開頭就讓聽者了解包含結論在內的簡報整體架構，有助於了解詳細內容。）

堀：「接下來，我將具體說明簡報內容……。」

社長：（打斷簡報的進行）「堀小姐，我已經了解妳的邏輯，不必再說明下去了。請妳著手進行擴充物流中心，以爭取顧客的策略吧。就這麼拍板定案。我這就要去泰國出差，請在我回國之前，擬好具體方案。」

堀：「好的，我知道了。祝您一路順風。」

專欄

由上而下法的簡報要這樣做

由上而下法的基本結構是：

清楚傳遞訊息

↓

描述根據

↓

再度確認訊息

一般而言，聽者除了眼前的簡報發表者之外，還會因外在的許多事情而分心，不太可能全神專注傾聽所有說明。

所以，為了使聽者至少能夠了解此次簡報最想傳達的事情，反覆說明自己的主張非常重要。

此基本結構，適用於整份簡報及個別頁面的說明。接下來，用由上而下法的簡報（發表）基本架構，來解說一般的基本頁面（下頁圖十五）。

圖十五 簡報發表的基本順序「訊息→根據→確認訊息」

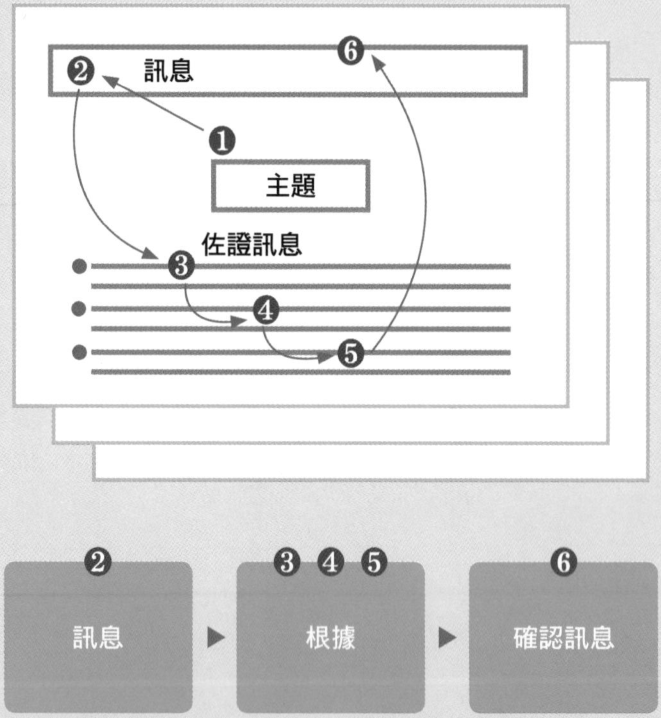

主題↓訊息↓佐證↓訊息

❶先閱讀「主題」，告知聽者接下來要說明的事項，讓聽眾的大腦進入容易接收訊息的狀態。
❷接著說明該頁面的「標題訊息」。在簡報開始，告訴聽者該頁面最想傳達的訊息。
❸再闡述足以佐證標題的根據一（佐證訊息）。
❹闡述足以佐證標題的根據二。
❺闡述足以佐證標題的根據三。
❻最後回到「標題訊息」，重新確認該頁面的訊息。

接下來，我用具體的例子來說明訊息傳遞的基本架構（如下頁圖十六）。簡報發表順序的具體例如下：

實際練習

❶「首先，我要說明的是今日簡報的重點（**主題**）。從結論來說的話，

❷就是『不實施根本性改革，本公司業績將無望回升』（**標題訊息**）。必須實施根本性改革的理由如下：

❸第一，本公司產品在品質方面有缺乏競爭力的傾向。（**根據一**）

❹第二，競爭同業果敢打出低

圖十六　「訊息→根據→確認訊息」的具體案例

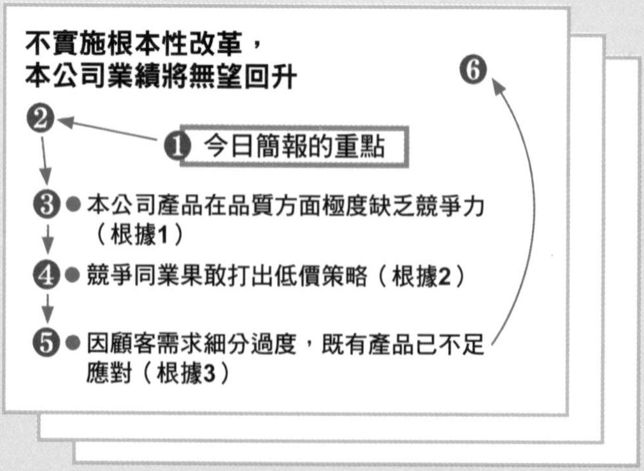

價策略。**（根據二）**

❺接下來，必須實施根本性改革的第三個理由是，因顧客需求細分過度，本公司的既有產品已不足應對。**（根據三）**

❻基於上述三個理由，得到『不實施根本性改革，本公司業績將無望回升』的結論**（再次強調訊息）**。接下來，我將進一步探討必須實施改革的三個理由。」

連接詞不可或缺

簡報發表能否順暢，與上一個重點說明，能否順利轉移到下一個重點說明，有極大的關係。

簡報發表順暢的成功關鍵在於，是否使用合乎邏輯的恰當連接詞，例如：「具體而言」、「儘管如此」、「因為」、「結果」等。使用合乎邏輯的連接詞，讓上一個重點能順利連接到下一個。請在簡報之前，充分了解各訊息間的關係及關聯。

第14章

聽眾的疑問，就是最好的說服捷徑

◎把問答當作傳遞訊息的機會。

◎事先設定好最具敵意的問題。

◎提高抽象度來緩和提問的尖銳度。

◎難回答的問題先丟回給對方。

由於問答一般都是在報告結束前進行，聽眾很容易對答案留下深刻的印象，因此，問答的好與壞，將大大左右聽者對簡報的整體印象。

大致而言，簡報是發表者單方面提供自己的意見，問答卻是與聽者的雙方面交流。

當然，有些聽者會迫不及待的想要發表意見，面對這種提問者，無論事先做了什麼準備，都必須具備即興回答的能力。

■把問答當作傳遞訊息的機會

提問是聽者的權利，但發表者可以把它當作傳遞訊息的機會。

在回答問題的同時，可順便重申主要訊息和關鍵訊息。這聽起來簡單，卻需要相當的說話技巧。

假設問題，進行模擬練習，可精進回答的技巧。

■事前設想好最具敵意的問題

在準備會後的問答時，可製作一本假設問題集。這時，不妨設定一個最具敵意的聽者，並準備具有攻擊性的問題。也就是**假設一個，最不希望被問到的問題**。沒有聽者提出尖銳的問題自然最好，但隨時都要做好萬全準備。

面對具敵意的問題時，發表者通常會採取防禦姿態，拚命想鞏固自己的主張。但越是想要鞏固主張，越會讓聽者焦慮。

同時，發表者會因為對提問者感到生氣，言行中不禁產生攻擊性。就算發表者故作鎮靜，但只要表現出藐視提問者的態度，也是一種攻擊。

採取攻擊性的言行，只會把不安帶給聽者，所以發表者在面對非常具有敵意、且高壓的問題時，應表示尊重，並坦然接受問題。

■尖銳提問，先提高抽象度緩和

碰到負面的問題時，可在回答之前先提高表達語句的抽象度，以緩和問題的尖銳度。

如果被問到：「為什麼貴公司的股價總是那樣低迷？」在回答之前，不妨**將對方的問題轉換成另一種形式反問**：「這問題是針對本公司的股價水準吧。」或者也可以轉換成：「這問題是針對本公司的股價動向吧。」其他還有多種選擇，例如：股價的推移、股價的趨勢、變化、動向等。

重點是**將帶有負面影響的具體表現，代換成抽象表現，以緩和具體表現的尖銳度**。

簡報發表者回答聽者的疑問，看似理所當然。但問題是，有太多情況讓人覺得這答案似乎沒有回答到問題。也許答者並非故意，但有時也讓人不禁猜測：「他是不是故意答錯問題？」

為避免犯下這樣的錯誤，必須仔細聆聽問題，不要只想著該如何回答，要先傾聽並充分理解問題的意思。

■聽不懂、難回答的問題，丟回給對方

有些問題，再怎麼仔細傾聽也還是聽不懂。而且，很多問題的表達方式都很模稜兩可。甚至有時候是提問者本身，在還沒理清思緒前就拋出問題。

遇到這種情況，應立即誠懇的反問提問者：「不好意思，可以請您再說一次嗎？」連簡報發表者都無法理解的問題，提問者以外的人當然也無法了解。

應答的基本原則是：盡可能簡短回答。如果已經知道答案，就在闡述結論之後，舉出一、二個可作為根據的理由、具體案例及統計數字等，盡快進行下一個問題。

此外，要特別注意：**說明內容過長，容易出差錯**。尤其是面對具攻擊性的

問題時，如果總是執著的想要反駁，提問者和聽者會因為「我已經明白了」而感到索然無味。這點請務必留意。

■不問：剛才的回答您還滿意嗎？

有些發表者會在回答問題後，不斷向提問者確認：「剛才的回答滿意嗎？」或是「是否回答了您的問題？」這樣的服務精神確實可嘉。

但是，與其說這是在確認提問者對答案的滿意度，其實是回答者不確定自己的答案正不正確，想藉此消除心中的不安。這種做法，可能會帶給聽者沒有自信的印象。

話說回來，**必須向提問者確認的答案才有問題**，而且搞不好會引發預料之外的反應，讓你真的得到「不，你完全沒有回答到我的問題」的答案。

尖銳、負面的質疑，如何正面回答化解？

問：「此產品真的絕對安全嗎？」

誤答：「是的，絕對安全。本公司在安全方面很有自信。」（一旦肯定絕對，就有可能遭到反擊：真的有絕對可言嗎？）

正答：「本公司非常重視所有產品的安全性。除了符合所有法律規定的安全規範外，還自主性的制訂更高等級的安全規章，您可以安心使用。」（不直接回答絕對與否的問題，反而用客觀態度檢視自家產品，用「符合外界認定的規範」且「公司內部也自主性的制訂嚴格規章」的回答，帶給聽者安心感及滿足感。）

問：「為什麼貴公司的產品價格比別家公司貴五成呢？」

誤答：「您是問為什麼本公司的產品價格和別家公司相比，貴了五成吧？這數字是錯誤的，因為根據本公司的調查，事實上只多了大約三成而已。」（把尖銳的問題直接丟回給聽者外，非但不做任何正當的解釋，還肯定自家產品的價格確實比較貴。聽者會因為得不到價格較高的理由，而感到失望。）

正答：「您問的是本公司產品的成本與績效吧。」（**把尖銳的問題轉化成肯定句**。）

「和別家公司相比，本公司的產品價格確實比較高。根據本公司的調查，大約多了三成。但本公司產品機能多，又有完善的售後服務，相較之下，整體費用反而便宜，這一點請您務必理解。」（確實掌握問題重點，簡潔說明相關理由。）

問：「貴公司向來都以低價搶攻市場，難道沒想過遵守市場秩序的重要性嗎？」

誤答：「低價販賣哪裡不對？別家公司也可以這麼做啊。」（攻擊性的回答，營造出缺乏自信及不安的感覺。給人枉顧社會觀點的違法印象。）

正答：「本公司向來以提供高品質、低單價的產品作為努力的目標。（將「低價搶市」改成肯定句。）但是，我不太懂『市場秩序』是指什麼，要怎麼做才是遵守『市場秩序』呢？可以請您告訴我嗎？」（**把聽不懂的問題或定義模糊的表達丟回給對方**。）

問：「有傳聞說貴公司即將退出中國市場。請問真實情況到底如何？」

誤答：「關於這個問題，本公司不予置評。」（不予置評不是回答，應該在答案裡隱含不予置評的意思。）

正答：「面對傳聞，本公司的處理方針是不予置評。但一般來說，本公司對全球市場的開發，向來採取臨機應變的態度，所以今後進入或退出新市場，自然也是選項之一。」（把自家公司套入一般論中，藉此傳達不予置評的言外之意。）

問：「在競爭同業發生不幸之際，對貴公司來說，正是擴大市占率的大好機會呢。」

誤答：「您千萬別這麼說。對這件不幸之事，我們深感遺憾，同時也擔憂明天或許就換我們自身難保了。」（這句話的原意，是要否定自己把他人的不幸視為大好機會，但這種說法卻讓人覺得，你把不幸之事錯當作是沒有過失的天災。更何況，明天或許就換我們自身難保的說法，也會讓人覺得貴公司對於預防不幸之事的發生，欠缺嚴謹的態度，甚至讓人懷疑是不是有所隱匿。）

正答：「本公司一向期許自己能盡到供給責任，成為值得顧客信賴的供應商。我們很希望所有的競爭同業都能一起加油，因為提高產品及服務的品質，競爭同業的存在非常重要。」（冷靜面對別家公司發生的事，順便宣傳自家公司。）

第15章

肢體語言，也是簡報的重點

◎避免無意識的比手畫腳。

◎抬頭挺胸，姿勢自然標準。

◎事先決定好雙手擺放的位置。

◎與聽者有眼神交流。

◎音量放大，控制說話速度。

簡報發表者的好壞判斷，是資料完備與否的內容面、和發表者本身技巧的相乘結果。因此，不論內容準備的多麼完善，只要發表者的技巧拙劣，簡報就有可能失敗。

發表者首先要注意以下五點：姿勢、身體的動作、手腕的動作、眼神、聲音。平時多加練習這五點，便能流暢的發表簡報。

■抬頭挺胸、伸直背脊

人只要抬頭挺胸，背脊自然就會伸直。請向古典芭蕾的舞者學習，他們每個人的站立姿勢都是直挺挺的。

下面我介紹一種能有效伸直背脊的練習法，請見下頁圖十七。

首先，請有意識的將雙手姆指朝前方伸展，然後將掌心翻向外側，接著手背貼在大腿外側。這時，雙肩自然打開，背脊也跟著伸直，整個人也就抬頭挺

圖十七　簡報發表者演練的五大要點

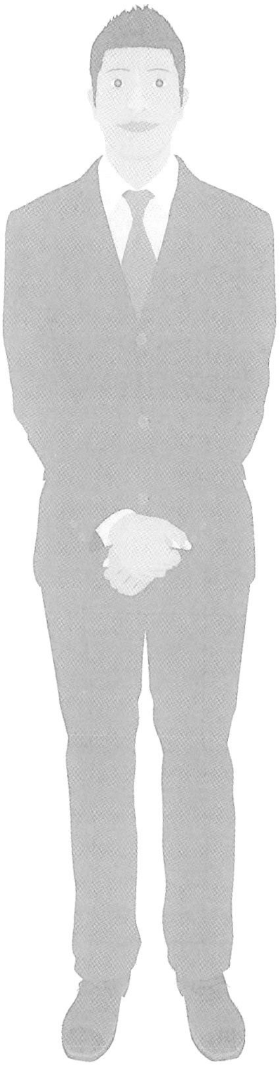

姿勢

抬頭挺胸，背脊自然伸直，整個人看起來就能英姿煥發、充滿自信。

身體

停止一切無意識的小動作。習慣性動作會給人心浮氣躁的感覺。

手腕

雙手放在預定的位置，除必要外，不隨意移動。手持麥克風時，另一隻手就放在身體側面。

眼睛

基本上要與聽者眼神交流，避免盯著天花板或地板。

聲音

音量放大，慢慢說話。

抬頭挺胸1-2-3

雙手姆指朝前方伸展，掌心翻向外側，接著將手背貼在大腿外側，這時胸部自然打開，整個人也就抬頭挺胸了。

胸了。重心放在身體的中心，然後再移到肚臍下方的位置，人也能安定下來。

■停止無意識的小動作

停止無意識的動作：旋轉上半身、前後搖晃、肩膀的上下起伏、搖擺頭部、突然旋轉頭部、小碎步前後移動、小碎步左右移動等等，都會使聽者感到心浮氣躁。

■事先決定好雙手擺放的位置

身體的所有動作之中，就屬雙手（包含手腕）的動作最為顯眼。像是搔頭、摸下巴、抱著胳膊、前後晃動、拉褲子、動動手指等，人的雙手經常無意識的做出這些動作。

首先，決定好預設的位置，也就是雙手不使用時的擺放位置。

我的建議是身體放鬆，雙手在肚臍下方輕輕交握。男性的話，建議手肘可保持一個鈍角。女性則建議雙手放在可覆蓋肚臍的位置，因為雙手在這個位置上，手肘以下的手臂自然會與地面接近平行並散發出溫婉氣質。請見下方圖十八。

圖十八　雙手的擺放位置

女性　在覆蓋肚臍的位置輕輕交握

男性　雙手在肚臍下方輕輕交握

■與聽者有眼神交流

眼睛的動作，能反映出大腦的動作。簡報發表者的眼球隨處飄移，會讓聽者感到不安。

簡報發表者只能看三個地方：聽眾、螢幕、PC等器材。避免長時間盯著天花板或地板。

當然也不要只盯著螢幕看，偶爾也要和聽者進行眼神交流。眼神交流時，不要同時以所有聽眾為對象，一次對著一個人說五秒鐘左右的話即可。

視線時常在螢幕及聽者之間來回並不好，看螢幕時就專心看螢幕，面對聽眾說話時就好好說話。轉頭的動作要放慢，請見下頁圖十九。

圖十九 簡報發表的注意事項

✖錯誤案例

面向螢幕說話

上下聳動肩膀

抱著胳膊

小碎步的走來走去

搔頭

■音量放大、控制說話速度、不發出雜音

無論是否使用麥克風，隨時都要提醒自己大聲說話。**同樣的內容，只要大聲說明就能產生說服力**。音量控制在大聲耳語的程度即可。**第一句話的音量要特別放大**，因為這會影響到簡報整體的音量。

還有，說話的速度要放慢，一分鐘不可超過三百個字，同時注意說話時的抑揚頓挫。維持聲音的強弱及高低，字正腔圓的慢慢發表簡報。

除了要注意音量和速度之外，還要盡最大的努力**排除雜音**。最具代表性的雜音就是「嗯」。

其他還有「這個」、「那個」、「呃」，以及句尾的「～這樣」等。只要多加留意，必能減少雜音，請努力不懈的練習。

■創造鞠躬的投資效益

做簡報之前，事先**決定開始和結束時，是否要鞠躬行禮**。

在國際性的場合，可以選擇不鞠躬行禮，但如果鞠躬行禮較為得體，就該入境隨俗低頭行禮。

有些簡報發表者只會輕輕點個頭，讓人搞不清楚是不是在鞠躬。這種行禮方式非但沒帶給聽者禮貌的感覺，反而會留下不認真的印象。

若決定鞠躬行禮，就該好好低下頭，直到身體呈六點十分的角度。這麼做，可加深聽者在簡報開始和結束時的印象。

第16章

策略性的簡報穿著與臉部表情

◎配合TPO*挑選服裝——賈伯斯的「心機」。

◎頭髮勿遮臉，這不是自拍。

◎不把玩簡報筆，甚至別用簡報筆。

*TPO：Time（時間）、Place（地點）及Occasion（場合）的第一個字母的簡稱。

人重要的是內在，並非外表。

這句話一點也沒錯。但是，發表者外表給人的印象，對簡報整體評價有極大影響的事實，也不容忽視。所以服裝穿著務必配合TPO。

舉例來說，蘋果電腦的前總裁史蒂夫・賈伯斯（Steven Paul Jobs，一九五五至二〇一一年），總是穿著高領毛衣和牛仔褲出席產品發表會。因為這是最符合象徵業界榜樣的高社會地位、高科技、革新性、自由奔放、創造性、聽者都是麥金塔迷等設定的服裝。

但如果是同屬於高科技產業的創投新企業的年輕社長，向投資法人做簡報，賈伯斯式的穿著就不適合了。在這種情況下，不論男女都穿西式套裝最為合適。

做商業簡報時，男性的規定服裝是深藍色或灰色的西裝，**避免穿著粗條紋或格紋西裝**。若無特別理由，記得扣上西裝外套的鈕扣。**領帶最好選擇深紅色或藍色系列**，避免選用給人輕浮感的明亮紫色，或駭人的粉紅色。

女性則可以穿著稍微亮麗的套裝，但要注意避免使用過於花俏的領巾，以免給人走伸展臺的感覺，分散聽者的注意力。同樣的，耳環和項鍊等飾品也要避免過於花俏華麗。鞋子也是一樣。另外，有些女性會因為站立的位置和聽者有一定的距離，而刻意化妝以加深印象，這固然有其道理，但也要避免過於濃妝豔抹。

■這不是自拍，頭髮不要遮到臉

髮型要避免遮到眼睛。因為這不僅會妨礙眼神交流，也會帶給聽者鬱悶的感覺。

頭髮遮蔽到臉部時，難免會無意識的用手指梳理頭髮，但常常這麼做會給人不好的印象。而且，頭髮遮到臉部，簡報發表者本身的視野也會因此受到遮蔽，看不清楚投影機和器材。

女性可使用不顯眼的髮夾，男性則建議使用沒有黏膩感的髮膠，固定前額的頭髮，避免遮到臉部。

■臉部表情與肢體語言要配合主題

露出配合簡報內容的表情，也是服裝儀容的一環。嚴肅的內容，要用正經的表情；輕鬆的內容，就用開朗的表情。

主題和表情不一致，會帶給聽者矛盾的感覺，造成認知性的不協調。這會讓聽眾在無意識中感到極大不快。

尤其是為了不幸事故、意外事件而召開記者會時，時常可以看到發表者不自覺地露出不適當的微笑。這時，請務必注意自己的表情管理。

除了簡報內容要和表情一致外，也需注意身體動作和內容的一致性。如果是開朗的主題，採用較誇大的手勢，並不會給人奇怪的感覺，甚至可以在舞臺上四處走動。但如果是**沉重的主題，動作就要盡可能減少，並放慢速度**。

表情和動作，會反映出發表者本身的個性。有些人個性開朗、動作大喇喇；有些人則個性陰鬱、動作謹慎小心。並沒有規定所有發表簡報的人，都要用開朗的表情、誇大的手勢做簡報。因為**簡報發表者首要重點是，努力把自己想要說的話傳達出去**，然後再根據自己的個性，表現出和主題相符的表情和動作就可以了。

■不把玩簡報筆，甚至你不該用！

簡報筆（指揮棒）屬於簡報器材的配件，一定會事先預備好。

簡報筆確實具備便利性，可用來指點螢幕上的小細節，還可當作發表者的權威象徵。但除了上述優點外，簡報筆的缺點反而更多。

用簡報筆敲擊螢幕、下意識的隨意揮動、反覆伸縮、擔在肩上，有的人還會用筆指著聽眾，或是把筆當成護身符似的雙手緊握。這些都是在使用簡報筆時應注意的小地方。

若會議室準備的螢幕，是運用雙手即可指點的大小，不妨丟掉簡報筆吧。

另外，**雷射簡報筆更是需要謹慎使用的工具**。因為它的光點不顯眼，而且在螢幕上的移動速度又快，非得使用的話，請務必定點指向要提醒聽者注意的地方，避免在螢幕上隨意旋轉。

■利用排練影片自我檢查

若能在正式簡報之前錄下排練影片，就可以全面性的客觀檢視，自己在聽者眼裡的形象，例如：確認自己站立的位置、姿勢、眼神交流、身體和雙手的動作、表情、音量、說話速度、發音、噪音等。可以的話，再請旁人幫忙拍攝臉部、雙手、雙腳等部位的特寫，以觀察身體的微妙動作。

觀看自己的影像會讓人感到害羞，但請克服這種感覺，仔細觀看影片，花時間改善不自然的舉止。

第17章

簡報會場的注意事項圖解

◎注意燈光照明，螢幕附近要暗。

◎確保適當的人口密度。

◎調節室內溫度。

■右撇子要站螢幕左側

簡報發表者要站在螢幕的旁邊。螢幕放在身體的左側或右側，可隨發表者的喜好。以**右撇子而言，螢幕放在右側，身體自然會面向聽眾**，還可以很順手的指點螢幕。

有些會場的螢幕和講桌是分開放置的。遇到這種情況時，如果講桌可以移動，請將它移至螢幕旁邊。因為講臺的布置，要以簡報發表者和螢幕，能同時進入聽者的視野為佳。

■靠近螢幕的燈光要暗

簡報時，請視需要調整室內的燈光照明。

考量到聽者可能會在簡報過程中記筆記或是參照資料，稍微調亮燈光會比較好。

請將靠近螢幕的燈光調暗。如果燈光亮度不能調整的話，把螢幕上方的螢光燈或燈泡拔掉，也不失為一種方法。但是，記得要確保足夠的亮度，讓聽者可以看到發表者的表情。

■需要筆記，就得替聽眾準備桌子

會場的布置也和燈光照明一樣，需適當調整。容納幾位聽眾、要不要發布參考資料、要不要記筆記、是否提供礦泉水、需不需進行分組討論等，都要視簡報內容而定。

只要擺放椅子就可以了，還是需要準備桌子？

按照一般教室形式擺放就行，還是要擺成U字形？扇形？或者品字形？會場的布置有多種方式可選擇。

■引導聽者往前坐

會場的大小，需和參加的人數取得平衡。參加人數的限制，以聽者不覺拘束的密度最為理想。

但是，大會場裡只有寥寥可數的參加者，使空間顯得過大，也會破壞會場的氣氛。會場密度不能過高，但又以可占滿整個空間的人數最為適當。

在自由入座的會場裡，通常前排都是空位，所以要在簡報開始前引導聽者盡量往前坐。

■冷氣口、窗戶旁需注意溫差

室溫的調節也和人口密度有關。

室內溫度時常出現冬天太熱、夏天太冷的情況。冷氣口附近和距離冷氣較遠的地方，時常出現溫差。

還有，天花板附近和地面也會有溫差。窗戶旁也會因為戶外氣溫，而使室內溫度發生變化。

■投影機的熱氣排放口勿朝向聽眾

簡報開始前，最好趕在聽眾進場前，確認投影器材的運作。

等到聽者入席後才開始砰砰碰碰的連接PC管線，或是調整投影機，很可能在一開始就破壞聽者對這場簡報的印象。

除了配線之外，簡報前記得確認投影機的動作、設定焦距並調整顏色。

另外，投影機會朝某個方向散發熱氣，所以在擺放投影機時，務必留意熱氣排放口不要正對聽眾，這點非常重要。

確認完影像後，還要確認音響環境。這和有無使用麥克風有關。

休息時，記得拿下耳麥

使用麥克風的話，用的是手握式麥克風，還是耳麥？是有線麥克風，還是無線麥克風？如果搭配喇叭使用，喇叭是放在前面，還是後面？另外，在聽眾入場前，要事先調整好音量大小。

使用無線麥克風時，還要事先確認接收狀況。接收器和天線距離過遠，聲音有可能變得斷斷續續。

尤其是使用紅外線無線麥克風時，除了距離過遠的因素外，只要中間有障礙物，聲音也會變得不連貫。還有，麥克風的紅外線發射器一旦用手遮住，就接收不到聲音了。

偶爾也會出現和其他無線麥克風互相干擾的狀況。由於大多數的器材都可以更換頻道設定，以便在干擾狀況出現時，可盡速更換頻道。為此，請事先確認好頻道的更換方法。

另外，使用耳麥時，請務必在休息時間拿下來。因為一不注意，就會在電源開啟的狀態下，把在休息室或廁所的對話全部傳送到會場去。

燈光照明

請將靠近螢幕的燈光調暗。但是要確保足夠的亮度，讓聽者可以看到簡報發表者的表情。

確認音響和麥克風

使用無線麥克風時，要事先確認好接收狀況。注意音量不要太大聲，也不能太小聲，並留意喇叭的擺放位置。

靠近螢幕站立

螢幕和簡報發表者，必須同時進入聽者的視野。若螢幕和講桌距離過遠時，如果可以移動，就盡可能的擺在一起比較好。

仔細調整投影器材

請務必在聽眾進場前，確認投影器材的運作是否正常。請注意投影機的熱氣不要影響到臺下聽眾。

在簡報會場的檢查重點

會場的配置

桌椅可布置成U字形、扇形、品字形，或者只擺放椅子。會場的布置視人數、有無發布參考資料、有無小組討論等來決定。不要過於擁擠，也不能過於稀疏。

調節溫度

為了讓聽者和簡報發表者都能把注意力集中在簡報上，要盡可能留意各項小細節。窗戶旁邊和場內中間的位置、腳底和臉部附近的溫度都不一樣，請多加注意。

第5部

簡報的大忌：我怯場了！

第18章

成功的簡報，來自容許失敗

◎擔心是好事，但恐懼是簡報的大敵。

◎對簡報的恐懼，來自「非〇〇不可」。

◎「我希望〇〇」，有助保持平常心。

越是重要的簡報，大家越容易擔心。

擔心是好事。擔心是「好的負面情緒」。因為不擔心的話，就會懈怠，不會做好萬全準備。（按：好的／壞的負面情緒，及沉重壓力的管理相關解說，請參照《麥肯錫情緒處理與菁英養成法》，大是文化出版）。

但是，當擔心變成不安，就可能會拖延準備工作，或逃避必須做簡報的事實。上場當天也會因為極度慌亂，而無法發揮實力。

當不安進一步變成恐懼時，有的人甚至會放棄上臺做簡報。

不安和恐懼都是「**壞的負面情緒**」，更不用說是簡報的大敵了。

「壞的負面情緒」來自「非〇〇不可」

為什麼人會感到不安或恐懼呢？

根據理性感情行動心理學，不安和恐懼大致建立在一連串「非〇〇不可」的想法上。

- 我非做出完美的簡報不可。
- 我非成功不可。
- 我非創造出好的評價不可。
- 我的表現非得出色不可。

這些「非〇〇不可」的認知都屬於「絕對要求」，都是下意識的要求自己保證做到希望的結果。

世上沒有絕對。要求「絕對」是在不確定的現實中要求確定性，是一種不**實際、亦即強求的想法**。

以「絕對」為前提時，一旦失敗了，就變成做了絕對不能做的事，或是發生了絕對不能發生的事。也就是，原本只准成功的事卻失敗了，造成自己內心的矛盾。

不以「絕對」為前提

這種矛盾會讓自己產生不切實際的自我評價，例如：「我的世界末日來臨，實在糟透了」、「我無法忍耐，受不了」、「我是垃圾，我是個沒用的人」等。

因為有「失敗＝不被允許的風險」的想法，才會產生不安和恐懼。最後，因為缺乏自信而膽怯、表現不佳或退縮。

保持平常心，最重要的就是丟掉「我非怎樣不可」的想法，養成合乎實際、又有彈性的想法。像是很想這麼做的「我希望」的想法；以及如果可以，想變成那樣的「我想要」的想法。換句話說，就是讓失敗＝被允許的風險。

面對重要的簡報時，要訓練自己養成如下的思考習慣。

「我希望」、「我想要」的具體案例

我希望做一場完美的簡報；我想要盡最大能力，不讓簡報失敗；我希望得到眾人的讚美，不想丟臉出醜。

但世界並不會因此產生「我絕對要成功，並得到眾人高度評價」的法則。很遺憾的，現實就是如此不可確定。一定會有做不好的時候，失敗了，自然感到懊悔。但即使因為做得不好感到遺憾，也必須知道有時就是會發生這樣的事。

對我來說，這雖然是很大的挫折，卻不是最糟糕的悲劇；雖然會因此感到不快，但總是可以克服。我可以承受這些失敗，因為**失敗是被允許的風險**。話雖如此，我還是希望能盡最大努力，讓簡報成功，我想得到眾人高度的評價。我當然擔心自己可能做不好，但我會盡力做好萬全的準備。至於結果如何，就交給老天爺吧。

想法、感情、和行動是息息相關的。很多人以為情緒是永遠不變、不受影響的，但事實並非如此。想法變了，情緒和行動也會跟著改變。所以，平時就要丟掉「我非〇〇不可」的想法，養成「我希望〇〇」的思考模式。

國家圖書館出版品預行編目(CIP)資料

麥肯錫不外流的簡報格式與說服技巧 / 高杉尚孝著；李佳蓉譯.二版- 臺北市：大是文化，2020.06
224面 14.8×21公分. --（Biz ; 332）
譯自：実践・プレゼンテーションのセオリー
ISBN 978-957-9654-87-6（平裝）

1.簡報　2.企業管理

494.6　　　　109005212

Biz 332

麥肯錫不外流的簡報格式與說服技巧

作　　者／高杉尚孝
譯　　者／李佳蓉
責任編輯／黃凱琪
校對編輯／陳竑悳
美術編輯／林彥君
副總編輯／顏惠君
發 行 人／徐仲秋
會　　計／許鳳雪
版權專員／劉宗德
版權經理／郝麗珍
行銷企劃／徐千晴、周以婷
業務專員／馬絮盈、留婉茹
業務經理／林裕安
總 經 理／陳絜吾

出 版 者／大是文化有限公司
臺北市衡陽路 7 號 8 樓
編輯部電話：（02）2375-7911
購書相關資訊請洽：（02）2375-7911 分機122
24小時讀者服務傳真：（02）2375-6999
讀者服務E-mail：haom@ms28.hinet.net
郵政劃撥帳號 19983366　戶名／大是文化有限公司

香港發行／豐達出版發行有限公司"Rich Publishing & Distribution Ltd"
地址：香港柴灣永泰道 70 號柴灣工業城第 2 期 1805 室
Unit 1805, Ph.2, Chai Wan Ind City, 70 Wing Tai Rd, Chai Wan, Hong Kong
Tel: 2172-6513　Fax: 2172-4355
E-mail: cary@subseasy.com.hk

封面設計／李涵硯　內頁排版／顏麟驊
印　　刷／鴻霖傳媒印刷股份有限公司
出版日期／2020 年 6 月 二版
定　　價／新臺幣 340 元（缺頁或裝訂錯誤的書，請寄回更換）
ISBN　978-957-9654-87-6（平裝）